BusinessVillage

Diana Roth

Zu jung!
Zu alt!
Zu schwanger!
Zu qualifiziert!

So tickt die Arbeitswelt

BusinessVillage

Impressum

Diana Roth
Zu jung! Zu alt! Zu schwanger! Zu qualifiziert!
So tickt die Arbeitswelt
1. Auflage 2020

Bestellnummern
ISBN 978-3-86980-520-7 (Druckausgabe)
ISBN 978-3-86980-521-4 (E-Book, PDF)
ISBN 978-3-86980-522-1 (E-Book, epub)

Direktbezug unter www.businessvillage.de/bl/1088

Bezugs- und Verlagsanschrift
BusinessVillage GmbH
Reinhäuser Landstraße 22
37083 Göttingen
Telefon: +49 (0)5 51 20 99-1 00
Fax: +49 (0)5 51 20 99-1 05
E-Mail: info@businessvillage.de
Web: www.businessvillage.de

Layout und Satz
Sabine Kempke

Autorenfoto
Stefan Marthaler, https://stefanmarthaler.ch

Druck und Bindung
www.booksfactory.com

Inhalt

Über die Autorin

Diana Roth ist HerzBlutPersonalerin. Sie arbeitet seit mehr als dreißig Jahren als Personalerin in kleinen und mittleren Unternehmen (KMU), ist Dozentin zum Thema Personalmanagement, Podcasterin, Trainerin/Coach, Rednerin und Fachbuchautorin im Bereich Human Resources (HR).

Als geborene Fuhrmannstochter arbeitete sie nach ihrer Lehre einige Jahre im diplomatischen Dienst und machte danach die klassische Karriere von der Personalassistentin zum Mitglied der Geschäftsleitung im Mittelstand.

Als Fachhochschuldozentin und Speakerin mit viel Berufserfahrung beleuchtet sie mit Vorliebe die seit Jahrzehnten beliebten Businessspiele des Arbeitslebens. Ihr wöchentlicher Podcast »Abenteuer HRM« gibt einer zahlreichen Hörerschaft Impulse fürs Arbeitsleben. Zusätzlich veröffentlicht sie in sozialen Netzwerken täglich Tipps und Tricks für Mitarbeitende, Führungskräfte, Personaler und Geschäftsleiter.

Ihr Blick hinter die Kulissen der Personalarbeit gibt insbesondere Mitarbeitenden genau das Wissen, das sie brauchen, um ihr Arbeitsleben aktiv mitzugestalten. Sie müssen nicht mehr widerspruchslos alles hinnehmen und sinnlose Businessspiele mitspielen.

Diana Roth hat zahlreiche Artikel zu den Themenfeldern Personalmanagement, Führung und Coaching veröffentlicht.

Kontakt
E-Mail: kontakt@dianarothcoaching.com
Web: www.dianarothcoaching.com

Geleitwort von Dr. Bernd Geropp

Im Oktober 2016 erhielt ich eine nette E-Mail aus der Schweiz. Diana Roth fragte mich, ob ich für ein Interview für ihren Blog zur Verfügung stehen würde. Es sollte um die Zusammenarbeit zwischen Führungskräften und Personalern gehen.

Das Thema fand ich sehr interessant. Also vereinbarten wir einen Skype-Termin. Es wurde ein sehr angenehmes und interessantes Gespräch über unsere Erfahrungen: sie als Expertin für Personalmanagement und ich als Geschäftsführercoach und Führungstrainer.

Wir unterhielten uns lange und angeregt über die unterschiedlichen Rollen, die Führungskräfte wie auch Personaler in kleinen und mittleren Unternehmen innehaben. Dieser Austausch und ihre Sichtweise haben mir sehr geholfen, die täglichen Herausforderungen von Personalern besser zu verstehen.

Ich schätze an Diana besonders ihre Fähigkeit, die Personalersprache und deren Handlungen verständlich für andere zu übersetzen. In diesem Buch zeigt sie anhand einer Vielzahl von Beispielen, wie Personaler in kleinen und mittleren Unternehmen denken und handeln, wie sich Führungskräfte verhalten und worauf man als Bewerber wie auch als Mitarbeiter in solchen Unternehmen achten sollte.

Wer dieses Buch durcharbeitet, versteht besser, wie Entscheidungen in kleinen und mittleren Unternehmen getroffen werden, wie man sich als Mitarbeiter verhalten sollte und wie man Businesstheater zum Beispiel im Vorstellungsgespräch erkennen und sich darauf einstellen kann.

Wer als Mitarbeiter, Führungskraft, Personaler und Geschäftsleiter hinter die Kulissen schauen will und Klarheit, Tipps und Tricks für das alltägliche Miteinander im Unternehmen sucht, für den ist dieses Buch genau das richtige. Arbeiten Sie es durch. Es wird Sie weiterbringen. Viel Erfolg.

Prolog

Das Schicksal mischte die Erfahrungen einer rheinländischen Fuhrmannstochter mit dem Leben und Arbeiten im diplomatischen Dienst in einem nichteuropäischen Land und kochte alles langsam mit dreißig HR-Jahren in stark gewinnorientierte Informatik-, Multimedia-, Bau-/Modebranche-Tinktur ein.

Dann hob es unter diese Mischung vorsichtig HR-Erfahrungen eines Schweizer Nonprofit-Unternehmens und verquirlte alles sorgsam mit einer großen Portion Personalmanagement-Wissen und einer kräftigen Prise kurzfristiger Personalleiter-Einsätze.

Es gab großzügig Respekt allen Menschen gegenüber, Neugier und Weiterbildung dazu, außerdem Dozententätigkeit, Vorträge, HRM-Coachingtätigkeit und große Dankbarkeit.

Das Ergebnis: Ich! Eine HerzBlutPersonalerin.

Personalmanagement ist mein Leben

Die Stelle als Logistikleiter(in) in unserem internationalen Unternehmen in Basel war bereits seit vier Monaten auf allen Kanälen ausgeschrieben. Online-Plattformen, regionale und überregionale Zeitungen, Fachzeitschriften, das Schwarze Brett im Haus generierten wenig Resonanz, die ich nach allen Regeln der gelernten Kunst selektierte. Aber immer, wenn ich zum Vorgesetzen mit den A-Akten – Bewerber, die das Profil nach den schriftlichen Angaben voll erfüllen – kam, lehnte er ab: »Zu jung! Zu alt! Oh … nein … Zu schwanger! … Zu qualifiziert!«

Ich nannte ihn irgendwann nur noch den Zujungzualtzuschwangerzuqualifiziert-Chef – erst nur in Gedanken, später sagte ich es ihm auch auf den Kopf zu. Er fand das witzig und klopfte sich dabei selbstverliebt auf die Schulter. »Ja, meine Vorstellungen von einem geeigneten Bewerber sind ziemlich klar definiert«, antwortete er mir mit einem verschmitzten Lächeln.

Das Problem daran war – und das blieb es auch noch eine ganze Weile: Die Stelle wurde nicht besetzt. Statt seinen Anteil daran zu erkennen und vielleicht der von mir getroffenen Auswahl zu vertrauen, nannte er es Fachkräftemangel und klagte in jeder Managementsitzung über Arbeitsmarkt und Unfähigkeit der Personalabteilung.

Mittlerweile war das Team chronisch überlastet, Krankheitsabsenzen folgten. Reklamationen der Filialen häuften sich. Erst als ein weiterer Mitarbeiter kündigte, wurde reagiert. Binnen weniger Tage wurden sogar die Unterlagen der B-Bewerber auf den Kopf gestellt.

Und siehe da, die Wahl fiel auf eine weibliche Kandidatin, die so gar nicht dem Wunschprofil des Vorgesetzten entsprach. Obwohl sie branchenfremd war und die gewünschte Ausbildung nicht mitbrachte, wurde die beinahe Dreiundfünfzigjährige Dank ihrer hohen Motivation und ihres souveränen Auftretens eingestellt. Nach dem Probearbeiten hatte sie den Respekt der Männer aus dem Lager bereits uneingeschränkt auf ihrer Seite.

****

Willkommen in meinem Buch mit wahren Geschichten aus der Businesswelt. Ich habe es geschrieben für alle, die mit dem Arbeitsleben und den täglichen Businessspielen hadern und Lösungen suchen. Ich schildere meine Unternehmen-Erlebnis-Welt und zeige Wege auf, wie es gelingt, sich in dieser Welt zurechtzufinden.

Dazu setze ich bewusst und immer wieder verschiedene Brillen auf: die des Mitarbeitenden, die der Personalverantwortlichen und die der Führungskräfte. Denn es wäre zu einseitig, nur eine Sicht der Dinge, die sich täglich im Arbeitsleben abspielen, anzusprechen.

»Wir sehen die Dinge nicht, wie sie sind, wir sehen sie so, wie wir sind.«

Anaïs Nin

Meine Coachingkunden bestätigen mir das immer wieder: Es ist ein Gamechanger, die Dinge mit den Augen der anderen zu sehen. Es hilft, den eigenen Weg zu finden und zu gehen – klar, echt und passend.

Aus diesem Grund gehe ich in diesem Buch auch auf die Sichtweisen des Unternehmens ein und verknüpfe sie mit der Sicht des Mitarbeiters. Jedes Kapitel beleuchtet dabei ein wichtiges Thema aus dem Arbeitsleben und endet jeweils mit meinen Empfehlungen, wie du Businessspiele meiden oder für dich sinnvoll mitspielen kannst.

Ich lehne mich dabei an das Lebenszyklus-Modell an, beginne mit Suche und Bewerbungen, schaue auf Prozesse in den Anfangsmonaten und den weiteren Verlauf eines Berufslebens. Wie im richtigen Leben steht dann der Austritt auch am Ende.

Der Mensch ist Mittelpunkt im Unternehmen

Ein schöner Satz. Was erlebte ich jedoch im Berufsalltag? Es ist der Kunde, der wirklich im Mittelpunkt steht. »Er bezahlt ja schließlich mit seinen Aufträgen unseren Lohn«, konstatierte ein Geschäftsleiter.

Der Mensch ist also nur Mittel zum Zweck. Das sagt natürlich niemand in dieser Deutlichkeit, aber genauso beobachte ich es fast täglich. Diese endlosen Lippenbekenntnisse in hochglanzfarbigen Firmenbroschüren ermüden zunehmend. Langweilige Businessspiele, die immer wieder gespielt werden, weil sie so beliebt sind. Immerhin: Wenn du sie verstehst und bewusst wahrnimmst, wirst du deinen eigenen Weg finden und kannst damit gelassener umgehen. Denn ändern wird sich so schnell nichts daran. Auch wenn New Work ein neuer Trend ist, heißt das noch lange nicht, dass diese Themen sterben werden. Bestenfalls werden sie sich vielleicht verändern.

Grundsätzlich gilt natürlich trotzdem: Das Unternehmen ist nicht dein Gegner. Von der Sache her sollt ihr Partner sein. Das geht, ich habe es erlebt. Du wirst es lesen! Vielleicht hast du auch manches so oder ähnlich selbst schon erlebt. Vielleicht wirst du Aha-Momente haben. Vielleicht hin und wieder die Stirn runzeln und nicht einverstanden sein!

Prima. Bleib dir immer treu und verändere dich!

1.
Die Personalgewinnung

»

Eine gewisse Unsicherheit hat wohl jeder Mensch. Kennst Du die stillen Fragen von Personalentscheidern: Ist der Bewerber selbstsicher oder nur überheblich? Ist sein Motiv nach Anerkennung/Erfolg wenig stark ausgeprägt? Ist das ein echtes Auftreten oder nur Show?

«

Eier legende Wollmilchsau gesucht – so werden Stellenanzeigen gemacht

Die Neubesetzung hat zu klappen! Vorzugsweise sofort! Das ist die Forderung vieler Führungskräfte an die Mitarbeitenden im HR, wenn es um eine Neueinstellung geht.

Erfahrene Personaler gehen die Erstellung einer Stellenausschreibung überlegt und Schritt für Schritt an, strukturiertes und der Aufgabe angepasstes Tun bestimmt den gesamten Prozess. Zuerst muss dafür ein genaues Arbeitsplatz- und Bewerberprofil erstellt werden. Denn ein eisernes Gesetz der Personalerwelt lautet: Keine Stellenausschreibung ohne glasklares Profil. Weswegen die Personalabteilung zunächst einmal detaillierte Angaben des Vorgesetzten zur Idealbesetzung einholen muss und wird. Sind schließlich alle erforderlichen Daten gesammelt, geht es an die Königsdisziplin: das Erstellen des Stelleninserats.

Nimm doch mal eine Zeitung zur Hand und lies dir die Stellenbeschreibungen durch. Es ist zum Mäusemelken. Da wird regelmäßig in der Hauptsache PR betrieben und nach einer uralten Marketingformel die Ausschreibung mit Standardphrasen überfrachtet: Das Aufgabengebiet klingt nach gelobtem Land, die Formulierungen zu den Anforderungen triefen nur so vor ausgelutschten Worten – Teamfähigkeit, Flexibilität, Engagement, Motivation und so weiter.

So hat jedes Unternehmen seine Vorlagen irgendwo auf dem Rechner abgelegt. Ein Rahmeninserat, das bei Bedarf ratzfatz abgeändert wird und dann selbstredend den genialsten Kandidaten ever anziehen soll. Das kann einfach nicht funktionieren!

Die Suche geht in die nächste Runde – das Bewerberverfahren

Trotzdem wird es Bewerber geben. Leider werden diese vielleicht fünfzig Bewerbungen dann meist noch nach guter alter Personalerart mit der ABC-Triage selektioniert. Selektioniert – was für ein Wort! Ein Personalerwort aus der Personalerwelt. Bei dieser Art der Selektion werden die Unterlagen der Bewerber in drei Kategorien unterschieden: A, B und C.

Gesucht: ein(e) Finanzbuchhalter(in) mit Abschlusssicherheit. Eine Bewerberin ist gelernte Verkäuferin. Sie schreibt in ihrer Bewerbung, dass sie ein ausgesprochenes Faible für Zahlen hat. Diese Bewerberin ist eine C-Kandidatin. C-Kandidaten passen gar nicht. Was bedeutet, dass sie weder die Schlüssel- noch die Wunschkriterien des Vorgesetzten erfüllen. Sie erhalten grundsätzlich innerhalb von sieben Tagen eine Standardabsage.

Ein anderer Bewerber hat bereits in der Abteilung Finanzen gearbeitet, aber keinerlei Berührungen mit Abschlussarbeiten gehabt. Am Arbeitsfeld ist er sehr interessiert. Er ist ein B-Kandidat. B-Bewerber passen schon eher ins Stellenprofil, die eine oder andere Schlüssel- oder Wunschqualifikation ist allerdings nicht gegeben. Sie erhalten einen sogenannten Vertrösterbrief. Du weißt schon, diese Briefe, die dich als Bewerber gleichzeitig hoffen und bangen lassen. Denn darin heißt es meistens: »Vielen Dank für Ihre Unterlagen. Die Selektion wird noch eine Weile dauern. Bitte haben Sie Geduld. Wir melden uns ...«

Bleibt als letzte Kategorie: die Unterlagen eines A-Bewerbers. Das ist der Bewerber, der der Eier legenden Wollmilchsau am nächsten kommt. Sorgfältig und bis ins kleinste Detail haben die Personaler seine Bewerbungsunterlagen mit den geforderten Parametern des Stellenvorgesetzten abgeglichen und reichen sie nun an den Chef zur weiteren Prüfung.

Es folgt eine weitere Selektion, die sogenannte Feinselektion – ich nenne sie die Boss-Selektion, denn sie setzt alles andere außer Kraft.

Hier setzt der geflügelte Spruch unter Personalern an: Pinguine wählen Pinguine. Soll heißen, dass Vorgesetzte dazu neigen, Mitarbeitende einzustellen, die ihnen sehr ähnlich sind oder aus irgendwelchen nicht nachvollziehbaren Gründen bevorzugt werden. Ich behaupte sogar, dass ein Vorgesetzter, wenn er will, jedes Haar in der Suppe findet. Nur vergisst er oft, dass es sein Haar ist, welches ihm beim dauernden Kopfschütteln in die Suppe gefallen ist.

Die Rolle der Personaler in diesem Prozess

Es sind eher die Anfänger, die jede Bewerbungsmappe von A bis Z lesen, um sie dann dem B- oder C-Stapel zuzuordnen. Effiziente Personalerarbeit sieht anders aus. Professionelle Personaler schauen bei der Selektion insbesondere auf den Lebenslauf. Das heißt auch, dass alle Liebe und Kreativität, die du für dein Schreiben anwendest, hier noch keine Pluspunkte generiert. Es ist tatsächlich so: Einzig der Lebenslauf ist es, der Personaler veranlasst, dich dem Chef vorzuschlagen.

Grund dafür ist: Personaler haben nie Zeit und Rekrutierung ist nur eine von vielen Arbeiten, die ein Personaler zu bewältigen hat. Meine Kollegen in kleinen und mittelständischen Unternehmen zeigen jeden Tag, dass sie auf der ganzen Klaviatur des Personalmanagements mit Bravour spielen. Dafür bedarf es eines konzentrierten Vorgehens. Leider ist es immer noch so, dass zu wenig Stellenprozente für diese wichtige Funktion bereitgestellt werden – zumindest in den meisten kleinen und mittleren Unternehmen und bezogen auf mittelständische Unternehmen.

Und mit noch einem Gerücht möchte ich aufräumen: mit dem, dass viele meinen, ein Personaler würde entscheiden, wer ins Bewerbungsgespräch kommt. Der Personaler wählt lediglich die A-Bewerbungen nach den Kriterien, die der Vorgesetzte vorab abgegeben hat, sorgsam aus und stellt sie vor. Er kann empfehlen, aber er entscheidet nicht, wer eingeladen wird. Das macht immer der Vorgesetzte der Stelle.

Was bedeutet das für dich als Bewerber?

Natürlich kannst du dich als Verkäufer mit Zahlenfaible auf die Stelle als Buchhalter bewerben. Diese Idee will ich dir hier nicht ausreden. Wenn der Arbeitnehmermarkt gut ist, hast du vielleicht eine echte Chance, zu einem Gespräch eingeladen zu werden.

Der Arbeitsmarkt ist und bleibt allerdings entscheidend. Gefühlt seit 2016 erhalten wir Personaler auf kaufmännische Berufe mindestens doppelt so viele Bewerbungen wie auf handwerkliche oder technische. Aber die Menge macht es nie, vielmehr gilt: Qualität vor Quantität. Und die Qualität ist selten ersichtlich – was nicht heißt, dass sie nicht da ist.

Daher: Sei mutig und dir im Klaren darüber, dass Firmen meistens Mitarbeiterideale suchen, die es nicht gibt. Das zu wissen, ist ein großer Vorteil für dich als Bewerber.

Denn jetzt kannst du deine Bewerbungsunterlagen entsprechend aufbereiten – nämlich so, dass die Entscheider auf einen Blick erkennen, dass du zumindest siebzig Prozent der gesuchten Fähigkeiten hast. Damit ist viel mehr möglich, als du denkst.

Die Crux mit der Arbeitserfahrung

Du hast soeben eine tolle Stellenanzeige im Internet entdeckt. Die Aufgabenbeschreibung lässt dein Herz höher schlagen. Die Anforderungen, die ersichtlich sind, sind wie auf deine Person zugeschnitten. Du jubilierst innerlich – und dann fällt dein Blick auf einen Satz, der da lautet:

»Idealerweise bringen Sie bereits mehrjährige Erfahrung in der Branche mit.«

»Idealerweise« und »bestenfalls« sind Wörter, die Personaler in Stellenanzeigen nutzen, um Wünsche auszudrücken. Wenn du keinerlei Erfahrung in der Branche hast, bewirb dich trotzdem! Es gibt Branchen, da ist der Fachkräftemangel eklatant und jeder Quereinsteiger, der wirklich Interesse hat, wird mit Freude begrüßt.

Viele Stelleninserate halten mit solchen Formulierungen gute Leute ab. Dabei kannst du nur gewinnen – entweder eine weitere Bewerbungserfahrung oder die Eintrittskarte zu einem Bewerbungsgespräch. Wichtig ist nur, dass du in deinen Bewerbungsunterlagen jegliche Art von Erfahrung herausarbeitest. Das ist der häufigste Fehler vieler Bewerber. Sie denken, dass man alles herauslesen kann. Weit gefehlt. Personaler verwenden in der ersten Grobselektion nur wenige Sekunden auf die Bewerbungsunterlagen.

Fazit

In Inseraten werden Mitarbeitende gesucht, die es nicht gibt. Ein professionelles Bewerbungsverfahren läuft nach klaren Regeln ab – da es jedoch viele Amateure auf dem Arbeitsmarkt gibt, kann dir hier alles passieren.
Das Wichtigste: Bereite deine Unterlagen so auf, dass die Entscheider in wenigen Sekunden sehen, dass du eingeladen werden musst. Lege hier besonders großen Wert auf den Lebenslauf.

Businesstheater im Vorstellungsgespräch

Seinerzeit wurde ich zu einem Vorstellungsgespräch für eine Stelle als HR-Dozentin eingeladen. Der Schulleiter selbst, ein Diplom-Psychologe, begrüßte mich in einem schlichten Büro, dem eine blutjunge attraktive Assistentin vorgeschaltet war. Das Gespräch begann typisch: Begrüßung, Kaffee, ...

Doch anstatt etwas über mich und meine Qualifikationen in Erfahrung zu bringen, beweihräucherte der Mann sich selbst und wurde nicht müde, von der Qualität seiner Einrichtung und den Spitzenergebnissen seiner Absolventen zu schwärmen. Hätte ich es nicht besser gewusst, ich wäre zum Schluss gekommen, dass er sich bei mir bewirbt.

Monologisierende Vorgesetzte versus qualifizierte Personaler

Geschulte und qualifizierte Personaler führen ein Vorstellungsgespräch professionell nach einem klaren System und selbstverständlich im Abgleich mit dem Anforderungsprofil. Der wertschätzende Dialog steht im Vordergrund, wobei der Bewerber mindestens fünfzig Prozent der Redezeit haben soll. Doch bedauerlicherweise sind monologisierende Vorgesetzte und Personalchefs der Klassiker fast eines jeden Vorstellungsgesprächs. Denn leider finden sich gerade im Mittelstand immer wieder Vorgesetzte, Geschäftsleiter oder Möchtegern-Personaler, die der festen Meinung sind: Personal kann jeder!

Personalern, die gemeinsam mit einem solchen Vorgesetzten ein Bewerbungsgespräch führen, stehen regelmäßig die Haare zu Berge – und dabei lassen sie sich nichts anmerken. Pokerface ist eine der ersten Sachen, die man in diesem Beruf lernt.

Aber wie als Bewerber mit solchen Interviewern umgehen? Die einfache Antwort: entspannt! Du erkennst in einem Vorstellungsgespräch sehr schnell, wie der Habitus deines möglichen zukünftigen Vorgesetzten ist, und kannst dich entsprechend darauf einstellen. Darüber hinaus bist du heutzutage als Bewerber ein gleichberechtigter Partner auf Augenhöhe. In diesem Sinne gilt: Du willst den Job unbedingt? Der schwafelnde Vorgesetzte, der mit geschlossenen oder Suggestivfragen nur so um sich schießt, ist dir ziemlich egal? Dann nimm das Zepter diplomatisch selbst in die Hand.

Zum Beispiel so: Der Vorgesetzte fragt dich, ob Überstunden ein Problem für dich darstellen würden – wobei, das muss ich hier einmal loswerden, schon allein die Fragestellung hirnrissig ist. Dann antwortest du nicht nur mit einem kurzen »Nein!«, sondern erläuterst im Anschluss, wie flexibel und bereitwillig du beim letzten Arbeitgeber agiert hast, wenn es nötig war.

Wichtig ist, dass du an einem Beispiel aus deinem Berufsleben exemplarisch aufzeigen kannst, wie du dich verhältst.

Fazit

Du kannst dich auf das Bewerbungsgespräch sehr gut vorbereiten. Schreibe dir jeweils ein Beispiel deines Verhaltens zu einer im Stelleninserat geforderten Kompetenz heraus.

Diplom-Schamanen und die Schwuppdiwupps-Psychologie

Mit dem ersten Gespräch ist es in der Regel nicht getan. Meist folgen zweite Gespräche, ein Probearbeiten, das Vorlegen von Referenzen und jede Art von Tests, unter anderem auch Intelligenztests oder psychologische Tests.

Eine Vielzahl wirklich guter Tests auf dem Arbeitsmarkt kann mit der entsprechenden Erfahrung auch tatsächlich erfolgreich in der Bewerberauswahl eingesetzt werden – doch sollte man nicht nur als Vorgesetzter diese Tests und insbesondere die Ergebnisse immer wieder kritisch hinterfragen. Fahrlässig ist es, dass, wie bei vielen Firmen üblich, diese Tests unter Verwendung von Halbwissen nahezu ungefiltert angewandt werden.

Dazu kommt eine hohe Zahl nicht wissenschaftlich basierter Tests, die im Umlauf sind – weil Personaler oder Geschäftsführer von jungen Verkäufern in viel zu engen

Anzügen, spitzen Schuhen und mit aalglattem Auftreten von Produkten überzeugt werden, die keiner seriösen Prüfung standhalten.

Oder: Es werden Tests gebastelt, ausgewertet und besprochen, die eher einer Schwuppdiwupps-Psychologie entsprechen.

Meine Top Two der absurdesten Tests

Einem meiner Coachees wurden bei einem solchen Schwuppdiwupps-Psychologie-Test drei Tintenklecksbilder gezeigt. Innerhalb einer Minute sollte er seine Gefühle dazu schildern. Der Vorgesetzte, ein erfolgreicher Börsenmakler, hinterfragte sodann die Antworten kritisch. Beiläufig meinte er schließlich, er würde das Testergebnis noch mit seinem Schwiegervater besprechen, der unter anderem Psychologie studiert habe.

Ein anderes Beispiel: Erst im letzten Jahr wurde ein befreundeter Personalfachmann aufgefordert, einem grafologischen Gutachten, also einer Schriftanalyse, zuzustimmen. Hierbei interpretieren Gutachter die Art und Weise der Schrift und versuchen daraus Eigenschaften und Fähigkeiten von deren Besitzern abzuleiten. Eine Methode, die in Personalerkreisen eher argwöhnisch beäugt wird und in Deutschland und der Schweiz fast nicht mehr eingesetzt wird.

Die Firma jedoch, bei der sich der Kollege bewarb, setzt dieses Verfahren in der Schweiz seit Jahren ein. Das Unternehmen ist eine englische Kette mit Filialen in ganz Europa und der Personalchef hat eine grafologische Ausbildung. Selbstredend, dass er das Ganze selbst auswertete. Besagter Personalfachmann erhielt dann wenig später eine Absage: »Die Handschriftenprobe hat eindeutig ergeben, dass Sie über zu wenig Durchsetzungsfähigkeit, welche für diese Funktion wichtig ist, verfügen. Daher müssen wir Ihnen leider absagen!«

Im Gegensatz dazu sind seriöse Potenzialanalysen sehr wertvoll und hilfreich. In drei Jahrzehnten habe ich sie nicht nur oft eingesetzt und – das ist das Entscheidende – auch hinterfragt. Es gibt gute auf dem Markt und es gibt allerhand Schund. Es sind die schlechten Analysen, die sagen, dass ein introvertierter Mensch automatisch ein schlechter Verkäufer ist. Die guten Analysen dagegen bedienen keine Stereotypen. Den Unterschied herauszufinden, ist die wahre Kunst. Ich finde es dabei ganz furchtbar und schade für die Bewerber selbst, dass sie so oft zu Versuchskaninchen der Analysen gemacht werden.

Selektionieren nach den Gesprächen – Probetag und Referenzen

Hat ein Bewerber ein bis zwei Gespräche durchlaufen und befindet sich in der engeren Wahl, werden weitere Selektionsmethoden eingesetzt – zum Beispiel der Probetag. Er ist in einigen Berufsfeldern durchaus sinnvoll, doch leider nicht immer umzusetzen. Denn nicht selten steht der Bewerber noch in einem ungekündigten Arbeitsverhältnis und wird oder kann darein nicht einwilligen.

Eine alternative Option dazu sind Referenzen. Jeder gibt bei seiner Bewerbung Referenzen an, die ihn hauptsächlich gut beurteilen. Das denkst du doch gerade, oder? Weit gefehlt!

Unzählige telefonische wie persönliche Referenzgespräche habe ich in den letzten dreißig Jahren geführt. Wenn ein Personaler dieses Gespräch beherrscht, ist es ein wunderbarer weiterer Mosaikstein in dem ganzen Prozess. Und glaube mir, kein Entscheider will mit einem Referenzgeber sprechen, der ihm nur nach dem Mund redet. Vielmehr stufen Personaler Referenzgeber danach ein, wie offen und ehrlich sie antworten. Referenzen sind immer subjektiv – das muss man wissen, bevor man dieser wichtigen Aufgabe mit konkreten, vorbereiteten Fragen nachgeht. Darüber hinaus erlernen Personaler in ihrer Ausbildung Fragetechniken, um in einen Dialog mit dem Referenzgeber zu gehen.

Wenn aus dem Referenzgespräch heraus ein umfassenderes Bild vom Bewerber entstehen kann, dann war es ein gutes Referenzgespräch und sinnstiftend.

Ich hatte mal einen Referenzgeber, der sagte zu mir: »Stellen Sie den Mann an und fragen Sie nicht so lange herum! Der ist gut!« Mit einer solchen Referenzauskunft kann ich nichts anfangen. Kein Mensch ist nur rund. Jeder hat Ecken. Und das ist auch gut so. Wir wollen echte Menschen anstellen und nicht aalglatte Dauergrinser.

Trotzdem geht es bei Referenzen nun einmal um Absicherung: Entscheider wollen sich absichern bei ihrem Einstellungsentscheid. Knapp ein Jahresgehalt kostet eine Fehlselektion. Solche Kosten sollten nach Möglichkeit unbedingt vermieden werden. Deswegen neigen auch viele Unternehmen dazu, interne Bewerber vorzuziehen. Man kennt sich schon und das Risiko einer Fehleinschätzung wird minimiert.

Personaler im öffentlichen Dienst zum Beispiel stellen unter anderem auch Mitarbeiter in der Kinder- und Jugendarbeit ein. Der Prozess der Bewerberauswahl ist hier meist klar definiert: drei Bewerbungsgespräche, ein Probetag, Einholung von zwei Referenzen und einer Art Strafregisterauszug, um sicherzustellen, dass keine Verfehlungen im Umgang mit Jugendlichen vorliegen.

Es geht immer darum, sich abzusichern – im Besonderen, wenn man Personen einstellt, die mit Schutzbefohlenen umgehen. Risiken müssen ausgeschaltet, zumindest aber minimiert werden. Das Risiko Mensch bleibt trotzdem. Und auch die Entscheider sind nur Menschen.

Aber bald werden ja vielleicht Roboter Anstellungen vornehmen und dann wird Subjektivität ganz ausgeschaltet. Und alles wird besser, oder?

Fazit

Beurteiler und Entscheider wenden allerhand Diagnose-Tools an, um ihre Entscheidung abzusichern. Oftmals sind diese Tools nicht wissenschaftlich fundiert. Sieh es als einen Mosaikstein ihrer Rekrutierungsstrategie und mach dein Ding.

Die Lügen der Entscheider

Fünfzig Personen haben sich für die Stelle als Marketingfachmann beworben. Nur einer von ihnen erhält eine Zusage. Neunundvierzig Menschen werden von dieser Firma enttäuscht sein. Absagen sind immer blöd!

In meiner langjährigen Tätigkeit in Personalabteilungen habe ich mehr als zwanzig Dankschreiben von Bewerbern erhalten. Diese Bewerber haben sich bei mir für die wertschätzende, klare Art der Absage bedankt. Denn auch wenn Absagen negativ sind: Sie können Bewerber weiterbringen. Aber nur, wenn diese Absagen auf Augenhöhe und klar erfolgen.

Im Januar 2019 postete ich auf LinkedIn das Absageschreiben einer Firma an meinen Coachee. Er war von dieser Firma eingeladen worden und es hatte zwei lange, intensive Gespräche gegeben. Er lernte sogar das Team kennen und den Geschäftsleiter. Nach zwei Tagen erhielt er überraschend ein Nullachtfünfzehn-Absageschreiben, wie man es eigentlich nach einer schriftlichen Bewerbung erhält.

»Guten Tag Herr Meier!
Danke für Ihr Interesse. Das Studium Ihrer Unterlagen hat ergeben, dass Sie nicht aufs Profil passen!«

Ein Raunen ging durch die LinkedIn-Welt. 880.000 Views innerhalb weniger Tage und unzählige nette, höfliche, kurze, lange, emotionsgeladene, kritische und zynische Kommentare folgten. Ich erhielt unzählige Mails und private Nachrichten von Menschen, die Ähnliches erlebt hatten. Darüber hinaus gab es sehr gute, erklärende Kommentare von wunderbaren Personalerkollegen aus Deutschland und der Schweiz. Anfänglich überwogen also Bedauern und Mitgefühl. Doch je größer die Diskussionsrunde wurde, desto mehr tendierten die Reaktionen zu Schulterzucken und bis hin zu Aussagen wie: »Was ist das Problem? Das ist doch normal!«

Einige deutsche Personaler erklärten mir daraufhin das Arbeitsgesetz. Der Gesetzgeber sei es, der alles verunmögliche. Man müsse aufpassen, was man sage. Gleichzeitig erhielt ich Kommentare von Headhuntern und Personalverantwortlichen, die sagten, dass sie Absagen trotz allem mündlich vornähmen. Dann aber mit aller Diplomatie und so, dass der Bewerber etwas damit anfangen könne.

Der Unterschied zwischen Lüge und Selbsttäuschung

Ich kenne keinen erfahrenen Personaler, der bewusst Bewerber anlügt. Und ich kenne keinen Bewerber, der einen Personaler anlügt. Wenn Menschen im Bewerbungsprozess fabulieren, dann nur, weil sie einen Moment lang der eigenen Täuschung unterliegen.

»Wir haben eine super Teamkultur!«, sagte der Chef der Produktionsabteilung in einem Bewerbungsgespräch zur hübschen Bewerberin. Ich zuckte zusammen und fragte mich: »Warum springen dann die Mitarbeiter reihenweise ab? Warum mussten wir einen Mediator dazu holen?«

In der Nachbesprechung zu diesem Bewerbergespräch fragte ich ihn: »Sagen Sie mal, wie kommen Sie darauf, dass in Ihrem Team eine super Teamkultur vorherrscht?« Seine Antwort: »Nun, wir gehen doch alle zwei, drei Jahre gemeinsam kegeln und duzen uns alle!«

Vorgesetzte lügen demnach meist nicht. Sie glauben fest und unerschütterlich an das, was sie sagen. Es ist ihre Wahrnehmung.

Auf der anderen Seite wird die Braut oft schön gemacht. Soll heißen: Die ausgeschriebene Stelle wird in den schönsten Farben ausgemalt, weil man sie an den Mann oder die Frau bringen will. Bewerbungsprofis wissen natürlich, dass das eine kurzfristige Denke ist. Wie oft habe ich schon Mitarbeiter in der Probezeit verloren, weil sie den Schilderungen des Vorgesetzten geglaubt hatten und dann von der Realität bitter enttäuscht wurden. In Fachkreisen heißt das Frühfluktuation. Ziemlich eindeutig, oder?

Unwahrheiten und voreilige Versprechen

Grundsätzlich darf in Bewerbungsgesprächen nichts versprochen werden, was nicht wirklich beabsichtigt ist. Als Dozentin für Personalmanagement warne ich meine Studenten immer vor voreiligen Versprechungen.

Im Folgenden liste ich einige dieser Versprechen auf, wie ich sie immer wieder zu hören bekommen habe:

- Eine Weiterbildung zahlen wir Ihnen bereits im ersten Jahr.
- Wenn Sie Ihre Sache so richtig gut machen, erhalten Sie Ende des Jahres fünfhundert Euro mehr.
- Bei uns haben Sie zahlreiche Aufstiegsmöglichkeiten.
- Ich mag kritische Mitarbeiter – mir kann man immer alles sagen.
- Wir pflegen eine offene Teamkultur. Wir sind ehrlich miteinander.
- Mein Büro ist immer für Mitarbeiter offen.
- Sie können sich Ihre Arbeitszeit so einteilen, wie Sie wollen. Hauptsache, das Ergebnis stimmt.

Und die Bewerber stehen in nichts zurück. Oftmals als Personaler gehört, selten nach der Anstellung noch gezeigt bekommen:

- Nein, ein langer Arbeitsweg macht mir so gar nichts aus.
- Und übrigens, Sie haben zwar nicht danach gefragt, aber Sie sollten wissen: Ich will keine Kinder! Das ist ja für Sie vielleicht auch wichtig.
- Ich bin sehr robust und äußerst selten krank.

- Mein Hobby ist Schauspielerei. Aber im Büro bin ich immer ich selbst.
- Überstunden sind für mich kein Problem.
- Ja, ich habe in den letzten Jahren viele lange Urlaube gemacht, aber jetzt ist das Reisen vorbei. Ich will eine Festanstellung und arbeiten.

Resümees aus meinen Bewerbungskursen

Teilnehmer meiner Bewerbungskurse formulieren zum Schluss des Kurses immer ein persönliches Resümee. Zum Thema Personalgewinnung entstanden unter anderem diese:

#1 Jetzt verstehe ich Voltaire. Er sagte mal: »Was du sagst, sollte wahr sein. Aber nicht alles, was wahr ist, solltest du auch sagen.«

#2 In einem Bewerbungsgespräch können beide Seiten nur gewinnen. Entweder eine neue Stelle/einen neuen Mitarbeiter oder eine neue Erfahrung.

#3 Wenn du nach einem Bewerbungsgespräch eine Absage erhältst, greife zum Telefon und frage nach. Lass dir den Grund erklären. Es geht um deine Person, du möchtest daraus lernen.

#4 Aus Mitleid wirst du niemals eingestellt. Firmen wollen erfolgreiche, selbstbewusste und nie krank werdende Mitarbeiter einstellen. Du wirst nur eingestellt, wenn man in dir das Potenzial für diese Stelle in dieser Firma sieht.

#5 Ab jetzt nehme ich keine Absage persönlich. Es kann viele Gründe geben, warum es nicht geklappt hat. Es kann Antipathie sein oder es können auch die falschen Antworten zu den Fragen sein. Ein Bewerbungsgespräch ist und bleibt ein Glücksspiel.

#6 Du weißt nie, wer noch im Rennen ist. Du kennst die Teamkonstellation dieser Abteilung nicht, du kennst nicht die Erfahrungen der Entscheider, die zu diesem Entscheid führen.

#7 Wenn der Vorgesetzte meint, du seist zu jung, zu alt, zu schwanger oder zu unbegabt, wird er es dir selten sagen. Es werden Gründe vorgeschoben, die akzeptabler sind. Das ist das Spiel. Spiele es mit und ziehe immer einen Nutzen für dich aus den Gesprächen.

#8 Eine Absage ist kein NEIN zu dir als Person, sondern ein NEIN zu deiner Anstellung.

Fazit

In professionellen Unternehmen werden Bewerbungsprozesse überlegt vorgenommen. In vielen Firmen sind es jedoch Amateure, die sich Halbwissen angelesen haben, die die Auswahl vornehmen. Akzeptiere es. Finde heraus, wofür du angetreten bist, und gehe deinen Weg aufrecht, echt und doch diplomatisch. Du kannst nur gewinnen. Entweder einen neuen Job oder eine weitere Erfahrung.

2.
Arbeiten auf Bewährung – die Probezeit

»

Karriere braucht immer Hunger. Nur hungrige Jäger sind wirklich erfolgreiche Jäger. Ein bisschen Appetit reicht so gar nicht.

«

Nach hundert Tagen läuft alles – oder es ist alles gelaufen

Herzlichen Glückwunsch! Du hast die Traumstelle bekommen. Der Arbeitsvertrag ist unterschrieben und freudig strahlend erwartest du den ersten Arbeitstag im vermeintlichen Traumjob.

In den letzten zwanzig Jahren habe ich unzählige Vorgesetzte und Mitarbeitende dabei beobachtet, wie sie mit Neueintretenden in den ersten Wochen umgehen – diese Sichtweise hat mir das Verständnis für gute Einführungspläne erweitert. Die Neuen wurden im Vorfeld als Helden ihres Faches angekündigt. Sie waren der sprichwörtlich neue Besen, der besser kehrt als alle anderen, wurden hofiert und umgarnt. Auf beiden Seiten zeigte man in den ersten Tagen und Wochen nur seine Schokoladenseite.

Auf welche Art aber verlief die konkrete Einführung in den Arbeitsalltag? Ein auf das Unternehmen, den Einsatzbereich und das Aufgabengebiet abgestimmter Einführungsprozess ist unerlässlich. Nur eine sorgsame Einführung ermöglicht es, neue Mitarbeitende tatsächlich rasch und nachhaltig zu integrieren. Denn zunächst einmal ist jeder neue Mitarbeitende vor allem ein großer Kostenfaktor, weswegen schnelle Produktivität das große Ziel sein muss.

In einem Fachbuch für Personalmanagement las ich vor Kurzem: »Ein Mitarbeiter ist erst nach einem Jahr vollständig eingeführt.« Die Begründung leuchtete mir ein. Schließlich wiederholen sich im Jahresrhythmus viele Routinearbeiten. Jedoch scheint mir dieser Aspekt nur auf Vollzeitstellen zuzutreffen. Bei Teilzeitstellen wird die Zeitspanne der Einarbeitung prozentual erweitert werden müssen.

Onboarding für neue Mitarbeitende

Gemeint ist die strukturierte, überlegte Einführung des Mitarbeitenden in das neue Arbeitsgebiet, die neuen Aufgaben und die Firmenkultur. Ob das gelungen ist, kann erst nach hundert Tagen beurteilt werden. Aber bereits in den ersten drei Tagen werden die Weichen gestellt. Wie das aussehen kann, belegt ein Beispiel aus meiner Berufspraxis:

Als neuer Kollege ist man nicht unbedingt jedermanns Liebling. Das zeigte sich auch bei einem Bewerber, den der Vorgesetzte und ich gegen den Willen des Teams eingestellt hatten. Der Neue sollte so richtig Schwung in die Bude bringen und wurde dem bestehenden Team trotz Vorbehalten bezüglich seiner Persönlichkeit vor die Nase gesetzt.

Warum wir ihn damals überhaupt eingestellt hatten? Nach acht intensiven Rekrutierungsmonaten mit gut vierzig Bewerbungsgesprächen und drei Personen, die ihre Bewerbungen nach der Zusage zurückzogen, war er der einzig verbleibende Bewerber, der uns nicht nur fachlich, sondern auch mit seiner Art überzeugte. Und vor allem: Franz wollte diese Stelle unbedingt – er war höchst motiviert.

Manchmal wählt man in solchen Situationen den Einäugigen unter den Blinden. Zudem hatten wir schlicht die Nase voll, wägten noch einmal Vor- und Nachteile ab und wollten es wagen.

Das Team lernte ihn sodann bei einem gemeinsamen Mittagessen vor dem endgültigen Entscheid kennen und ließ schnell durch die Blume erkennen, dass er nicht ihre erste Wahl war. Das hatten sie schon bei den drei anderen Favoriten getan und so ignorierten der Vorgesetzte und ich jetzt alle Widerstände. Der Mann wurde eingestellt.

Franz gab über vier Monate sein Bestes. Er trug vieles mit Humor, brachte Kuchen mit, nahm sogar Arbeit der Kollegen mit nach Hause. Trotzdem schaffte er es nicht. Denn er hatte bereits am ersten Tag verspielt. Die Gründe? Die kann ich nur vermuten, denn es wurde nie etwas offen gesagt.

Gleich am ersten Tag legte er eine oscarverdächtige Antrittsrede hin. Sein Hobby war die Laienschauspielerei und so hatte Franz auch schnell den Spitznamen »unser Schauspieler« weg. Er trat täglich mit einem geknöpften Zweireiher auf – wo alle und alles leger und lässig waren und es keinen formellen Dresscode gab. Und dann erlaubte er sich beinahe beiläufig in einem Nebensatz, die Ordnung des Alphatierchens im Team zu bemäkeln. Blöd gelaufen!

Wir hatten intensive Gespräche mit ihm und legten ihm die Kündigung nahe. Schlussendlich stellten wir ihn frei und gaben ihm einen Karrierecoach zur Seite. Heute ist er erfolgreicher Produktemanager in der IT-Branche.

Wettbewerbsvorteil: Wenn du weißt, was Probezeit wirklich bedeutet

Was sich durchaus amüsant liest, war seinerzeit alles andere als lustig und wird es auch nie sein. Aber wir können daraus lernen.

Jede Neuanstellung ist für das Unternehmen eine Investition auf viele Jahre und je nach Funktion und Verantwortungsbereich kann eine Fehleinstellung respektive eine Frühfluktuation (meint: Mitarbeitende, die das Unternehmen bereits während der Probezeit wieder verlassen) sehr teuer werden. In der Personalerwelt kalkuliert man bis zu eineinhalb Jahreslöhne.

Der Einführungsplan

Warum überhaupt ein Einführungsprogramm für neue Mitarbeitende?

»Gute Mitarbeiter brauchen so einen Käse nicht!« Dieses Zitat las ich in einem Post in den sozialen Netzwerken und als Personalerin, die diesen Prozess als sehr wichtig empfindet, war ich entsetzt.

Natürlich definieren die Aufgabe und die Anzahl der Schnittstellen den Umfang und die Dauer einer solchen Einführung. Davon abgesehen, egal ob gut, kompetent, erfahren oder nicht: Einführung muss sein. Und es dürfen keine Alibi-Einführungsprogramme der Personalabteilung sein – meint: oberflächlich und nicht überprüft und nicht auf die spezifischen Bedürfnisse der Funktion zugeschnitten, weil auf Führungsebene die Notwendigkeit einer solchen Rundumeinführung nicht erkannt wird.

Eine interessante Beobachtung in diesem Zusammenhang ist übrigens, dass Führungskräfte gegen die fachliche Einführung für neue Mitarbeitende keinerlei Einspruch einlegen.

Willkommen, neue Mitarbeitende

Wie heißt man die Neuen am besten willkommen? Kleinere Unternehmen bieten häufig individuelle Detailprogramme an, während viele große Firmen sogenannte Welcome-Days durchführen. Neue Mitarbeitende werden durch ein straffes, unterhaltsames Tagesprogramm geführt und erhalten dabei möglichst viele Informationen zum Unternehmen, zu seiner Kultur und dem Produkt. Kein Wunder, wenn sie abends wie tot ins Bett fallen und keinen Namen außer ihrem eigenen mehr buchstabieren können.

Egal wie man es macht, wichtig ist, dass der neue Mitarbeitende eine Übersicht über das Unternehmen erhält, nachher die wichtigsten Ansprechpartner und zentrale Prozesse wie beispielsweise Urlaubsbeantragung et cetera kennt und um die Informationsinstrumente weiß.

Vorgesetzter und Personalabteilung müssen diese Einführung in das Arbeitsumfeld planen, strukturieren und logisch aufbauen. Auch die Termine zum ersten Standortgespräch und der Zeitpunkt des Probezeitgesprächs sollten vor dem Eintritt festgelegt und vor allem niedergeschrieben sein.

Von ebenso großer Bedeutung: Das Kennenlernen des Teams muss erfolgen und – ganz wichtig – Hinweise auf Ungeschriebenes müssen gegeben werden. Ein gemeinsames Mittagessen am ersten Tag gehört genauso dazu wie der Blumenstrauß, eine Herzlich-willkommen-Karte und ein Firmenrundgang zur ersten Orientierung. Das ist die Abteilungseinführung!

Die sozialen Aspekte sind der wichtigste Punkt eines solchen Plans – da bin ich sehr deutlich in meiner Meinung. Dem neuen Mitarbeitenden einen Mentor zur Seite zu stellen gehört auch dazu. Das kann der Kollege Maier sein, der das Unternehmen samt Prozessen sehr gut kennt, oder Frau Müller, die schon viele Jahre im Unternehmen tätig ist. Nur der Vorgesetzte sollte es niemals sein! Denn welcher neue Mitarbeiter will sich am Anfang die Blöße geben, weil er vermeintlich klare Prozesse hinterfragt.

Diese und andere Hemmschwellen, die Fragen verhindern, darf es nicht geben. Wir alle generieren unser Wissen aus immer wieder neuen Fragestellungen, tagtäglich und ein Leben lang. Ein neuer Mitarbeiter, der viel fragt, ist gut!

Die Realität sieht leider oftmals anders aus

Der neue Mitarbeitende kommt hoch motiviert zur Firma und wird schon an der Pforte das erste Mal ausgebremst. Die Dame am Empfang ist nicht informiert und führt erst einmal diverse Telefonate, bis dann irgendwann endlich irgendjemand den Neuen abholt. Seinen neuen Arbeitsplatz muss er selbst einrichten. Die Tastatur ist noch voller

Krümel vom Vorgänger und die IT-Abteilung wurde nicht über einen Neueintritt informiert und hat deswegen weder den neuen User-Account eingerichtet noch die notwendige Software installiert. Das Büromaterial ist im Keller in einem verschlossenen Lagerraum, für den nur Herr Muster einen Schlüssel hat.

Kurz: Der Neue irrt erst einmal durch die Gänge und sucht – jemanden, der ihm den PC einrichtet, der ihm die Passwörter mitteilt, der die Schlüssel hat. Der Chef ist im Urlaub, der Mentor gerade krank und mittags sitzt der neue Mitarbeiter alleine mit seinem Sandwich in der Teeküche.

Ich wiederhole mich: Anfang und Schluss einer Arbeitsbeziehung sind wesentlich! Was sagt es gleich zu Beginn über eine Firma aus, wenn sie auf die eben geschilderte Weise mit Mitarbeitenden umgeht?

»Menschen, die ins kalte Wasser geworfen werden, können schwimmen. Früher gab es dieses ganze Getue von Willkommensgruß bis Eingewöhnungszeit auch nicht!« – Ist das die Einstellung, mit der eine gute, tragende Arbeitsbeziehung 2020 beginnen sollte? Gerade anfangs ist die Zahl der Fettnäpfchen und Tretminen besonders hoch. Wollen wir unsere Neuen da wirklich bewusst reinlaufen lassen?

Wie wertvoll ist es stattdessen tatsächlich, einen neuen Mitarbeitenden überlegt, sorgsam und beherzt ins Unternehmen zu integrieren? Enorm – denn was hat eine Firma schlussendlich davon, wenn ein Mitarbeiter in der Probezeit scheitert? Gar nichts! Letztlich schadet es nur allen Beteiligten: dem Selbstbewusstsein des Mitarbeiters ebenso wie dem Image des Unternehmens und der Firmenkultur. Denn auch Kunden und Mitarbeitende bekommen dies alles mit und werden es entsprechend bewerten. Zudem leidet das Firmenkonto – es fallen Kosten an, für die auf der Habenseite keine Leistung buchbar ist.

Wie schnell eine, vorsichtig gesagt, unbedachte Kundeninformation in einem solchen Prozess einen gehörigen Imageschaden verursachen kann, möchte ich mit folgendem Beispiel verdeutlichen:

Erst kürzlich benannte die Bank meines Vertrauens mir einen neuen persönlichen Ansprechpartner. Herr Schulte wurde mir per Mail mit einem sympathischen Foto und Vita als SPOC (Single Point of Contact) vorgestellt. Meine ersten Kontakte mit ihm waren sehr gut. Doch gerade mal acht Wochen später erhielt ich eine weitere Mail meiner Bank mit folgenden Worten: »Leider mussten wir uns von Herrn Schulte in der Probezeit trennen. Frau Muster ist jetzt ad interim Ihre Ansprechpartnerin!«

Was geht dir bei einer solchen Nachricht durch den Kopf? Ob Herr Schulte Geld veruntreut hat? War er eine Nullnummer? Oder hat diese Bank etwas ganz generell nicht im Griff? Wie suchen sie dort Mitarbeitende aus? Welche Unternehmenskultur herrscht in dieser Bank?

Das Probezeitgespräch

Kurz bevor die Probezeit endet, sollte ein Vorgesetzter mit seinem neuen Mitarbeitenden ein Gespräch führen. Getreu dem Motto »Prüfe, wer sich ewig bindet ...« reflektieren der neue Mitarbeiter und der Vorgesetzte als Vertreter der Firma, ob die gemeinsame Verbindung Zukunft hat. Dabei kann im Probezeitgespräch beispielsweise folgenden Fragen nachgegangen werden:

- Werden die beiderseitigen Erwartungen an die Zusammenarbeit erfüllt?
- Welche klar definierten Ziele sind in den nächsten Monaten zu erreichen?
- Welche Missverständnisse oder Schwierigkeiten gab es in den letzten Wochen?
- Als wie gelungen wird die Integration ins Team empfunden?

Ein solcher Dialog, der immer auf Augenhöhe erfolgen sollte, ist ein Abgleich von Fremd- und Selbstbild des neuen Mitarbeitenden. Diese Gespräche sind sehr wertvoll, schützen sie doch beide Seiten vor so manch einer unangenehmen Überraschung. Darüber hinaus fördert es die vertrauensvolle Zusammenarbeit. Moderne Unternehmen haben für diese Art von Gesprächen auch standardisierte Vorlagen – was den Vorteil hat, dass die Gespräche einheitlich, strukturiert und sinnstiftend erfolgen.

Netiquette für neue Mitarbeitende

Ein jedes Ding hat zwei Seiten. Machen wir den Perspektivenwechsel und fragen wir: Was tut der neue Mitarbeitende, um den Einstieg in der neuen Firma und am neuen Arbeitsplatz mit neuen Kollegen reibungslos und gelingend zu gestalten?

Die Teilnehmer meines Hundert-Tage-Coaching-Programms haben die vierzehn besten Empfehlungen so formuliert:

#1 Sei freundlich, höflich und korrekt – aber gebe nicht zu viel von dir und gleich am Anfang preis. Biedere dich nicht mit Zusatzdienstleistungen an, die du nachher nicht mehr wegmogeln kannst.

#2 Halte dich an die geschriebenen und ungeschriebenen Gesetze des Unternehmens. Erfrage die ungeschriebenen. Du musst nicht in jedes Fettnäpfchen treten, das herumsteht.

#3 Meide in den ersten Monaten Alleingänge. Das kommt insbesondere bei Kollegen schlecht an.

#4 Halte dich besonders an die Arbeitszeiten. Auch wenn es eine Jahresarbeitszeit gibt, so zeige dich gerade am Anfang als früher Vogel. Schau, wann die meisten anderen gehen, und gehe mit ihnen oder kurz nach ihnen.

#5 Informiere dich vor deinem Eintritt so gut es geht über die Firmenkultur. Nutze das Intranet und vor allem: Höre mit den Augen. Alles ist sichtbar – auch ohne einen Blick aufs Organigramm.

#6 Beteilige dich keinesfalls an Klatsch und Tratsch. Behalte deine Meinung für dich. Schnupper erst mal Unternehmensluft.

#7 Arrogante Neueintretende kommen nicht unbedingt nur gut an. Die lieben Kollegen stellen hier oft bewusst Beinchen.

#8 Tritt nicht zu forsch auf. Schau erst mal genau zu, wie der Hase läuft, bevor du den Schnabel aufreißt. Forsche Neueintretende wirken schnell unsympathisch und werden ausgeschlossen. Muss nicht sein!

#9 Lass deinen alten Arbeitgeber oder Kunden hier aus dem Spiel. So verführerisch es auch ist, die Regeln und Abläufe des letzten Arbeitgebers als besonders vorbildlich zu loben – das gehört nicht in die Anfangsphase. Du kannst gute Vorschläge jedoch beim betrieblichen Vorschlagswesen einreichen und Punkte holen.

#10 Rede nicht schlecht über dein letztes Unternehmen und dessen Abläufe. Das wirft eher ein schlechtes Licht auf dich als auf die Firma. Gedanken, dass du genauso über diese Firma reden könntest, blitzen in den Kollegen-/Vorgesetztenköpfen auf.

#11 Verzichte auf private Telefonate und private Einzelheiten wie: »Ich habe mich gerade von meiner Freundin getrennt; meine Mutter heiratet nun zum vierten Mal ...«

#12 Duze deine Kollegen nicht einfach. In der Schweiz gilt in den meisten Unternehmen die Du-Kultur. In Deutschland ist immer noch ein distanziertes Sie an der Tagesordnung. Und in beiden Ländern geht es auch umgekehrt. Nur weil du in einem jungen Start-up arbeitest, heißt das nicht automatisch, dass ein Du am ersten Tag gut ankommt.

#13 Suche das gesunde Mittelmaß zwischen Nähe und Distanz. Vor allem muss es zu dir passen. Du musst keine Kumpelmiene aufsetzen, wenn du es nicht bist, und gleichzeitig solltest du auch nicht den Unberührbaren spielen. Jedes Unternehmen hat eine eigene Unternehmenskultur – und diese ist selten von außen sichtbar.

#14 Wehre den Anfängen. Wenn du bemerkst, dass man dir schon Arbeitsberge zuschiebt und Grenzen überschreitet, melde es unverzüglich. Nimm nicht alles unkritisch entgegen. Denn dann wirst du schnell ausgenutzt.

Und was, wenn du trotzdem Pech hast? Wenn man versucht, dir Steine in den Weg zu legen? Grenzen überschreitet oder die gelebte Unternehmenskultur dich erschreckt?

Die Lösung heißt: Holschuld. Schreibe dir nach dem ersten verunglückten Arbeitstag alles zusammen, was du in den nächsten Monaten brauchen wirst, um rasch produktiv zu sein und dich gut zu integrieren. Anhand deiner Liste holst du dir proaktiv das, was du brauchst. Vereinbare Termine mit den betreffenden Kollegen oder Vorgesetzten. Hole dir alle Informationen und das Wissen, das du brauchst. Gegebenenfalls legst du deinen Plan dem neuen Vorgesetzten vor und bittest um Unterstützung. Aber: Jammere oder beklage die Situation nicht! Das kommt nicht gut an.

Hilfreich ist es auch, dir regelmäßig Feedback von Vorgesetzten zu deinem Verlauf der Einarbeitung zu holen. Zumal du damit auch zeigst, dass dir eine gute Einführung wichtig ist. Frage also ruhig: »Herr Meister, ich bin jetzt zwar erst vier Wochen hier, aber ich hätte gerne ganz kurz ein Standortgespräch, damit ich weiß, ob ich richtig unterwegs bin.« Erstelle nach dem Feedbackgespräch eine kurze Notiz und sende sie deinem Chef. Leite ein mit: »So habe ich Sie verstanden …«

Lass dir gesagt sein: Das Unternehmen hat diese Stelle mit dir besetzt, weil du im Gespräch gepunktet hast. Sie haben viel Zeit und Geld investiert und sich bewusst für dich entschieden. Sie haben die Absicht, dich zu behalten und zu entwickeln. Du stehst jetzt noch ganz am Anfang – aber dieser Anfang ist entscheidend. Jetzt stellen sich die Weichen. Jetzt bedarf es auch deiner Aufmerksamkeit. Du kannst mitbestimmen, in welche Richtung es für dich weitergeht.

3.
Intellektuelle Verstopfung! Potenzial oder Leistung

»

Das Wort ›Fehler‹ habe ich eliminiert.
Sie heißen bei mir Lektionen oder Helfer.
Eigentlich heißt es nichts anderes als ›Hier fehlt etwas!‹

«

Wie man Mitarbeiter entwickelt

»Lernen ist doof!«, schrie Max, warf den Schulranzen in die Ecke, rammte die Katze und schmiss sich theatralisch auf den Boden. Irgendwann musste es doch mal aufhören mit dem Lernen und das schöne Leben würde beginnen, oder?

Man kann nicht nicht lernen! Unmöglich. Wir lernen den ganzen Tag, und sobald wir die Schule, die Uni verlassen, geht's erst richtig los. Wir lernen im Leben, vom Leben, fürs Leben. Wir entwickeln Persönlichkeit, Qualifikation und Strategien – privat und beruflich. Und finden dabei unter Umständen auch am Arbeitsplatz Unterstützung – vorausgesetzt, das Unternehmen weiß um den Wert guter Personalentwicklung. Solche Unternehmen wollen mit der sogenannten Personalentwicklung die Wettbewerbsfähigkeit der Mitarbeitenden stützen, weil sie wissen, dass das deren Flexibilität und Motivation erhöht. Und gut ausgebildete, motivierte und flexible Mitarbeiter sind ein Garant für langfristigen Unternehmenserfolg – Win-win-Situation!

Doch in vielen Unternehmen scheint diese Nachricht noch nicht angekommen zu sein. Sie jammern, dass ihnen die guten Leute weglaufen, und denken keinen Augenblick darüber nach, dass sie in ihren Prozessen etwas ändern und damit die Situation zu ihrem Vorteil verbessern könnten.

Schon allein die Personalentwicklung verringert die Fluktuation. Das wird besonders offensichtlich bei der beruflichen Grundbildung. Das Ausbilden ist mehr als eine soziale Verantwortung, der ein moderner Arbeitgeber nachgeht – es ist Nachwuchsplanung. Fachleute sind auf dem Markt immer schwerer zu finden. Wie gut ist es da, diese selbst heranzuziehen, auszubilden und dann im eigenen Unternehmen weiterzuentwickeln?

Personalentwicklung in der Praxis

Die meisten Mitarbeitenden kennen die unterschiedlichsten Weiterbildungsprogramme oder Modelle zur Qualifizierung von Führungskräften. Doch was gut gemeint ist, sind oftmals nur aus einer prekären Situation heraus verordnete Einzelmaßnahmen ohne Anbindung an langfristige Ziele und Bedürfnisse des Mitarbeiters oder Unternehmens. Beispiele dafür gibt es zur Genüge und diese Liste könnte ellenlang weitergeführt werden:

Da finden Verkaufsschulungen mit High-Performance-Verkaufstrainern statt. Ordnerweise wird Wissen zur Einwandbehandlung vermittelt, obwohl eine Kundenumfrage deutlich machte, dass das Produkt reparaturanfällig ist.

Ein Mitarbeiter wird zu einem Korrespondenzkurs geschickt, weil er in einer Kundenmail die Anrede klein geschrieben hat. Er arbeitet als Servicetechniker und hat ganz selten Mailkontakt.

Teams werden zum Floßbauen an den Rhein abgeordnet. Man nennt es Teamentwicklungsprozess, und alles nach Ende der offiziellen Dienstzeit wird als Freizeitspende für die gute Sache gefordert. Ein bisschen Spaß und mächtig Sonnenbrand hat es gebracht, mehr nicht: Mobbing und Versetzungsanträge beeinträchtigen weiterhin die Produktivität. Aber immer noch glauben viele Vorgesetzte fest daran, eine Teamentwicklung könnte in knappen sieben Stunden passieren.

Für intellektuelle Verstopfung ist also in den meisten Firmen gesorgt – wenn auch oft nur in Form einer Alibiübung, aber zumindest der Bereich Personalentwicklung ist beruhigt.

Eine Trainerin, die ich in meiner Funktion als Personalerin für einen Feedbackkurs angefragt hatte, sagte mir nach dem ersten Gespräch: »Frau Roth, ich denke, das Geld ist besser angelegt, wenn der Vorgesetzte sich mit der Abteilung in einem Vergnügungspark einen schönen Tag macht!«

Sie hatte erkannt, dass die von uns genannten zahlreichen Ziele mit einem Tageskurs »Feedback geben und nehmen« nicht zu erreichen waren. Eine Trainerin mit Rückgrat!

Wer wird weiterentwickelt und warum?

Um diese Frage zu beantworten, stelle ich ein Führungstool vor, das Bestandteil der Führungskraftausbildung in der Schweiz ist. Es wurde in der Finanzwirtschaft entwickelt und dann auf den Personalbereich übertragen. Dieses sogenannte Personal-Portfolio rät Vorgesetzten, ihre Mitarbeitenden in vier Kategorien einzuordnen:

1. Dead woods oder **Low performer**. Hierbei handelt es sich um Mitarbeitende, die weder Leistung noch Potenzial zeigen. Zum Beispiel Udo, der Bruder des Chefs. Er fristet seit vielen Jahren sein berufliches Dasein im Archiv, tief unten im Keller der Firma. Lustlos, unmotiviert und längst nicht mehr beachtet, geht er seiner Arbeit nach, wissend, dass man ihn nicht rauswerfen kann: Der Firmengründer und ihrer beider Großvater hatte es seinerzeit testamentarisch so festgelegt. Udo wird weder bewegt, noch bewegt er sich. Wozu auch?

»Dead woods« werden einfach nur ertragen. Man sitzt das Problem aus, in der Hoffnung, dass es sich irgendwann von selbst lösen wird. Vorschläge und mögliche Maßnahmen aus der Personalabteilung werden seitens der Vorgesetzten mit »Vergebliche Liebesmüh!« abgewiegelt. Eine Personalentwicklungsmaßnahme wird »Dead woods« selten angeboten, da ein Mehrwert für beide Seiten nicht erkennbar ist. Außerdem trifft man bei den »Dead woods« nicht selten auf kräftigen Widerstand.

Warum sich also Stress machen? Solange er sich ruhig verhält und keinen Ärger macht ... Doch merke: Unternehmen und Mitarbeitende spiegeln sich ständig. Glaubt man dieser Aussage, dann heißt das: Jedes Unternehmen beschäftigt die Mitarbeitenden, die es verdient, und hat sie teilweise sogar selbst in diese Position gebracht.

Oftmals werden Abteilungsleichen dieser Art erst, wenn ein neuer Vorgesetzter übernimmt, mit einem deutlichen Auftrag, sie zu entlassen, »übergeben«. So steht auch gleich die Führungskompetenz des Neuen auf dem Prüfstand.

2. Problem employees. Sie sind Mitarbeitende, die ein hohes Potenzial haben, aber ungenügende Leistung bringen. Dies meist, weil sie sehr viele Probleme – privat oder geschäftlich – haben.

Wie zum Beispiel Kevin. Er ist der kreative Kopf der Marketingabteilung, sprudelt nur so vor innovativen Ideen, die im Team ausgearbeitet und umgesetzt werden. Leider hält er sich nicht an die Kleiderregeln des Unternehmens, hat erhebliche finanzielle Probleme und kann es einfach nicht lassen, hübschen Auszubildenden nachzustellen. Pünktlichkeit ist für ihn ein sehr dehnbarer Begriff und oftmals hängt er belastenden Gedanken aus seiner privaten Vergangenheit nach.

Unternehmen investieren bei dieser Mitarbeitergruppe gerne in Kurse oder sogar in eine Weiterbildung. Gerne genommen werden auch Nachdiplomkurse zum Themenfeld Sozialkompetenz. Bemerkenswert: Im Jahr 2017 soll es tatsächlich circa 19.000 unterschiedliche Studiengänge mit diesem Schwerpunkt in Deutschland gegeben haben.

3. Workhorses. Das sind die Mitarbeitenden, die täglich eine hohe Leistung mit guter bis sehr guter Qualität erbringen. Aber: Ihr Potenzial ist kaum ersichtlich.

Wie im Fall von Silvia: Sie ist seit zwanzig Jahren die verlässliche, treue Seele der Steuerabteilung. Tagein, tagaus tippt sie konzentriert unzählige Daten in den Computer. Fehlerlos. Schnell. Einwandfrei. Punkt acht Uhr beginnt sie ihren Dienst, um siebzehn Uhr macht sie Feierabend.

Experten sagen, dass in einem Unternehmen mindestens fünfzig Prozent der Mitarbeitenden »Workhorses« sein sollten. Denn sie sind die stillen Mitarbeitenden, die ihren Job gut machen, aber keine Lust haben, nochmals einen

Zeitmanagementkurs zu besuchen oder einen Teamentwicklungsprozess zu unterstützen. »Workhorses« wollen einfach ihre Arbeit machen. Nicht mehr. Nicht weniger.

4. Die Stars. Sie sind die Krone der Mitarbeiterschöpfung, die Crème de la Crème eines jeden Unternehmens. Hohes Potenzial und sehr hohe Leistungsfähigkeit zeichnen sie aus.

Sie arbeiten entweder unmenschlich viel oder sind Glückskinder, ausgestattet mit Charisma oder unglaublichem Charme, manchmal mit beidem. Für sie wäre die soziale Bedeutungslosigkeit im Job der blanke Horror.

Rückblickend auf meine bisherigen Berufsjahre waren für die Unternehmensleiter stets die Spitzenverkäufer die »Stars«. Diejenigen, die den mächtigen Gewinn generiert haben. Die, »die Kohle reingeholt haben, während die anderen auf dem Stuhl klebten und nur kosteten«, so ein Zitat aus dem Verwaltungsrat.

Die Stars dürfen sich alles herausnehmen. Diesen Diven wird jede Extrawurst schnellstens besorgt. Solange sie maximal liefern, gehören sie zu den Unberührbaren – insbesondere, wenn eine einflussreiche Größe im Unternehmensumfeld die schützende Hand über sie hält.

So schöpfen diese Stars der Unternehmensleitung gerne alle angebotenen Personalentwicklungsmaßnahmen aus. Weiterbildungsmöglichkeiten liegen zu lassen, können sie nur schwer ertragen. Sie haben die Tendenz, Wissensriesen zu werden und als Spezialisten aufzusteigen. Ihnen wird der Master, der Fachhochschulabschluss oder das völlig überteuerte Coaching liebend gern bezahlt, auf eine Rückzahlungsvereinbarung von Fall zu Fall schon mal verzichtet. Dem Unternehmen ist wichtig, diese High Performer lange bei der Stange zu halten. Denn man weiß, dass sie auf dem Arbeitsmarkt und bei der Konkurrenz gesucht sind.

Wie würdest du dich und dein Team einschätzen?

Natürlich entspringt eine solche Einschätzung nur der subjektiven Sichtweise des Beurteilenden. Aktive Arbeitgeber umwerben gute Mitarbeiter mit für beide Seiten sinnvollen Personalentwicklungsmaßnahmen. Respektvoller, unterstützender Umgang ist der beste Garant, damit Mitarbeiter sich weiterentwickeln. Auf Lippenbekenntnisse in Hochglanzbroschüren und abgedroschene Worthülsen darf getrost verzichtet werden. Wertewandel, Menschlichkeit, Anstand und Respekt können in der Summe beinahe jede teure Trainingseinheit, die extern für viel Geld eingekauft werden muss, überflüssig machen. Auch deshalb sind Unternehmen, die Individualität fördern, ein attraktiver Arbeitgeber und haben selten Probleme mit Fluktuationen oder Fachkräftemangel.

Mitarbeitende handeln immer nach ihren besten Möglichkeiten. Sich selbst zu erkennen ist schon der halbe Schritt zum Erfolg – wie immer du dieses Wort für dich auch definierst. Die anderen zu erkennen ist ein nächster Schritt. Laotse sagt dazu: »Wer andere kennt, ist klug, wer sich selbst kennt, ist weise.«

Und nun zu deinem Team: Wer ist welcher Typ? Wo sind die Förderer und Zögerer, die Mutigen, die Diven, die Fleißigen und die, denen alles egal ist?

Bereite das Ganze grafisch auf und lass es einfach mal so auf deinem Schreibtisch liegen. Aber Vorsicht! Es könnte sein, dass du ordentlich Staub aufwirbelst.

4.
Sold, Schmerzensgeld und andere Wiedergutmachungen

»

Nur weil du für dein Unternehmen nützlich bist, heißt das noch lange nicht, dass du auch für dieses wichtig bist.

«

Angeblich gibt es zwei Themen, bei denen die meisten Menschen flunkern: Sex und Lohn. Ersteres bleibt hier außen vor, wir widmen uns dem Lohn – das Schmerzensgeld, die Wiedergutmachung für all das, was die Firma dir antut, dir abverlangt.

Weißt du, dass Lohn und Gehalt nicht unbedingt dasselbe sind? Zwar haben beide einen gemeinsamen Nenner, nämlich das Geld, das du am Ende des Monats auf dem Konto hast – nur erhalten Angestellte Gehalt und Arbeiter Lohn. Während das eine fest vereinbartes, monatliches Entgelt ist, ist das andere Entlohnung für tatsächlich geleistete Arbeit und kann variieren.

Arbeitgeber zahlen Angestellten also für Präsenzzeit, Bemühungen und Absichten und völlig unabhängig von Ergebnissen – mit Ausnahme von Verkäufern, die eine Provision erhalten – ein Gehalt. Da stellt sich mir die Frage: Was macht das mit der Haltung eines Mitarbeiters?

Zum Vergleich: Selbstständige beispielsweise werden ausschließlich für vorher definierten Erfolg bezahlt – mit Ausnahme solcher Leistungen, die über Tagessätze verrechnet werden. Kein Kunde zahlt fürs Bemühen oder für eine ernsthafte Absicht. Kunden zahlen für Resultate!

In Bewerbungsgesprächen haben Lohnverhandlungen nicht grundlos immer einen ganz besonderen Stellenwert. Ein gutes Gehalt oder ein guter Lohn bedeuten für viele Menschen mehr Können als Müssen und günstigere Rahmenbedingungen fürs Leben. Geld ist ein tolles Tauschmittel – Ware und Dienstleistungen getauscht gegen Geld. Jeder kann bekommen, was er selbst nicht hat. Es ist ein Mittel – Zahlungsmittel, Tauschmittel. Was es meiner Meinung nach niemals sein sollte: ein Mittel zum Zweck.

Wird die Frage nach den Lohnvorstellungen gestellt, ist das Bewerbungsgespräch fast zu Ende und man kommt an einen wichtigen und entscheidenden Punkt. Meine Frage an Bewerber lautet regelmäßig: »Welche Lohnvorstellung haben Sie für die ausgeschriebene Position?«

Noch nie habe ich erlebt, dass bei dieser Frage ein Bewerber nicht reagiert. Diese Frage verändert die Gesprächsatmosphäre augenblicklich. Immer! Mal mehr, mal weniger deutlich ändern sich Haltung, Ausdruck oder Stimmlage. Viele verändern die Sitzposition, einige das Sprachmuster und wieder andere müssen plötzlich wie irre blinzeln. Und nicht selten zeigen sie die typischen Lügensignale, wie von Samy Molcho in seinen zahlreichen Büchern amüsant beschrieben: Sie fassen sich ins Gesicht – ein Griff an die Nase, ans Kinn oder sogar ans Ohrläppchen. Da wird die Tasse Kaffee oder ein Stift zwischen uns hin- und hergeschoben, werden imaginäre Fusseln von der Jacke gewischt. Und wenn ich nah genug sitze, achte ich jetzt auf die Pupillen. Sie sind zuverlässige Lügensignale unserer Körpersprache, weil sie schlichtweg nicht manipulierbar sind. Werden sie sich weiten und mir eine Unwahrheit des Bewerbers bei der Nennung der gewünschten Lohnsumme offenbaren?

Körpersprache ist ganz ohne Zweifel ein wichtiges Instrument zur Beurteilung von Bewerbergesprächen. Noch wichtiger aber ist, diese Signale immer im Kontext zu sehen und die Gesamtsituation im Blick zu haben. Körpersprache sicher zu deuten, dafür braucht es in der Regel viel Erfahrung und ständige Schulung. Ein einzelner Kurs kann diese Kompetenzen verständlicherweise nicht vermitteln und wiegt doch viele Personalverantwortliche in trügerischer Sicherheit – mit dem Resultat, vielleicht jemanden einer Lüge zu bezichtigen, dem womöglich einfach nur kalt gewesen ist.

Gehalt und Lohn erfolgreich verhandeln

Kein Fachbuch der Welt handelt meines Wissens das Thema Lohn unter Personalentwicklung ab. Ich tue es jetzt trotzdem, denn Mitarbeitende nennen häufig Lohn und Gehalt, wenn sie nach Personalentwicklungsmaßnahmen des Unternehmens befragt werden.

Wie also erhältst du deine Gehaltserhöhung?
Das Wichtigste ist, dass du als Mitarbeiter wahrgenommen wirst. Denn es sind nicht die stillen, fleißigen, kompetenten, gut ausgebildeten Mitarbeitenden, die automatisch und regelmäßig gute Gehaltserhöhungen bekommen. Es sind die, die sich als Person entsprechend verkaufen können. Das Zauberwort heißt »Eigenmarketing« und meint: Du allein sorgst dafür, dass du gesehen wirst.

»Wer sich nicht verkauft, verschenkt sich«, sagt mein Großvater immer. Und der Vortragsredner und Buchautor Herman Scherer hat in einer seiner Vortragsreden eindrücklich gemahnt: »Eine nicht kommunizierte Leistung ist eine nicht erbrachte Leistung!«

Das ist auch meine Beobachtung aus mehr als dreißig Jahren als Personalleiterin in verschiedenen Branchen mit verschiedenen Berufsgruppen. Jede Branche hat eigene Spielregeln. Doch eines ist überall gleich: Chefs geben Mitarbeitenden nicht einfach so und ohne Druck mehr Lohn. Selbst wenn sie den Einsatz, die Leistung sehen. Aber: Vorgesetzte geben Mitarbeitenden, die eine Gehaltserhöhung klar deklarieren und begründen, sehr wahrscheinlich eine Gehaltserhöhung. Deshalb gilt: Du bekommst eine Dankesmail von deinem letzten Kunden? Sende sie weiter an den Chef. Frag ihn proaktiv, ob dein Vorgehen so okay war und ob du bei ähnlichen Problemstellungen erneut so agieren kannst.

Was viele außerdem nicht bedenken: Mitarbeiter werden nicht nur für das bezahlt, was sie tun – sondern auch entsprechend dem, was sie nicht tun. Wenn du also eine kleine Katastrophe mit deinem klugen Vorgehen verhindert hast, verschweige es nicht, sondern gehe zum Chef und informiere ihn.

Kurz gesagt lautet das Vorgehen also: konkret, diplomatisch und überlegt eine Gehaltserhöhung einfordern. Nicht warten, bis das Jahresgespräch terminiert ist. Auch weil du weißt, wie schnell es gerne mal verschoben wird. Eine gute Leistung, die sichtbar und bestätigt ist, wird honoriert werden – denn Chefs wollen Feedback. Führungskräfte beklagen sich oft bei Personalern, dass sie zu wenig Rückmeldungen von ihren Mitarbeitenden erhalten. Umgekehrt haben Mitarbeitende leider oft Angst, als Angeber im Team dazustehen und abgelehnt zu werden, weil sie dem Chef ihre Leistungen aufzeigen.

Diese Angst ist unbegründet! Du bist weder ein Angeber noch ein Bluffer, nur weil du dich sichtbar machst.

Die Zeig-dich-doch-Angst!

Woher kommt diese Angst? Manchmal suchen Mitarbeiter sich nicht das aus, was sie gerne haben möchten, sondern eher das, was ihnen am wenigsten Angst macht. Das ist in der Regel das Bekannte. Vermeidung von Schmerz kommt immer vor Schaffung oder Steigerung positiver Gefühle. So sind wir Menschen nun mal gestrickt. Leider schränkt das auch erfolgreiche Lohnverhandlungen ein, denn du machst es deinem Vorgesetzten zu einfach, wenn du dich kleinmachst und übersehen lässt: »Gute Arbeit zahlt sich aus« oder »Qualität setzt sich immer durch« sind Sprüche aus Kindertagen, die beinahe jeden von uns geformt haben. Fakt ist jedoch, dass dies immer weniger der Fall ist – weder gute Arbeit noch Qualität werden dich ohne wirksames Eigenmarketing wirklich weiterbringen.

Das belege ich auch gerne am Beispiel:

Lohnrelevante Mitarbeitergespräche der Firma Muster GmbH sind immer im November. Max wartet aber nicht, dass sein Vorgesetzter auf ihn zukommt, sondern wird selbst aktiv. Er bittet schon im Mai um einen Termin für ein kurzes Feedbackgespräch mit seinem Vorgesetzten. Beim Termin sagt Max: »Ich will mich hier weiterentwickeln. Ich bin zielstrebig und daher hätte ich gerne konkret gewusst: Was erwarten Sie noch von einem guten Mitarbeiter? Was muss ich tatsächlich leisten, um für Sie ein wertvoller Mitarbeiter zu sein?«

Aus diesem Gespräch heraus macht sich Max Notizen und versucht genau diese Dinge in den nächsten Monaten sichtbar zu machen. Außerdem stellt er auf seine Art sicher, dass der Chef und bestenfalls auch der Chef-Chef seine Bemühungen wahrnehmen. Und Max bleibt dran. Er zeigt Durchhaltevermögen. Er lässt sich nicht abbringen von seinem Ziel, nimmt gegebenenfalls Zielkorrekturen und -anpassungen vor. Das nehmen Chefs – das nimmt auch der Vorgesetzte von Max – wahr.

Max vereinbart im September ein weiteres Gespräch mit seinem Chef. Über Erfolg oder Misserfolg seiner Verhandlung wird dabei entscheiden, wie gut Max sich vorbereitet und welche guten Argumente er vorzuweisen hat.

Er beginnt mit geschlossenen Fragen: »Sie sind sehr zufrieden mit meinen Arbeiten, richtig? Sie haben mir gesagt, dass ich das Projekt X mit meinem Einsatz gerettet habe, ja?«

Zwei beherzte Ja vom Chef ermutigen Max, weitere Fragen zu stellen. »Sie haben mir soeben zweimal bestätigt, dass ich sehr gute Leistung erbringe. Danke dafür.« Und dann meldet er den Wunsch nach einer Lohnerhöhung unter Nennung einer konkreten Summe – beispielsweise fünfhundert Euro ab Januar des Folgejahres – an.

Und dann? Chefs suchen erst einmal nach Argumenten, damit sie eine solche Forderung ablehnen können. Auch Max Vorgesetzter! Zunächst argumentiert er mit der Gerechtigkeit für alle und dass es eine Prozentsumme X für alle Mitarbeitenden zum Ende des Jahres geben wird.

So sind sie, die guten Chefs: Haben alle und alles im Blick und wollen, dass es gerecht zugeht im Team. Zumindest im Stillen hoffen sie, dafür ein wenig Schulterklopfen zu erhalten und Beifall zu bekommen. Max kennt das Argument schon von der letzten Verhandlung. Umgehend lässt er für den Chef imaginäres Konfetti regnen. Er lobt seinen Gerechtigkeitssinn als besonders ehrenwert. Damit beginnt die wichtigste Phase in diesem Gespräch: Max wird zum charmanten Wadenbeißer. »Gerade weil Sie so gerecht sind, weiß ich auch, dass Sie Mitarbeiter, die nicht nur täglich die Extrameile gehen, sondern regelmäßig ihre Leistung erbringen, entsprechend honorieren wollen. Ich bin mir ganz sicher, dass das Gießkannenprinzip sich nicht mit Ihrer Auffassung von leistungsgerechter Entlohnung deckt.«

Max macht einen Kompromiss und erhält dreihundert Euro mehr. Er ist damit ermutigt und motiviert, auch weiterhin sein Bestes zu geben.

Lohnsystem: mehr als Geld

Lohnsysteme und deren Transparenz haben in Großkonzernen einen anderen Stellenwert als im Mittelstand. Trotzdem gilt hier wie dort: Mitarbeitende wollen wahrgenommen werden. Und sie wollen mitgestalten. Unzufriedenheit entsteht bevorzugt dort, wo Vorschläge, Ideen und Leistungen nicht gesehen oder in irgendeiner Art honoriert werden.

Oftmals stellen größere Firmen dafür Benefits für Mitarbeitende bereit, die allerdings rasch zu einer Selbstverständlichkeit verkommen. Eine weitere, Erfolg versprechende Beobachtung in diesem Zusammenhang ist da folgende: Unternehmen zahlen jungen, aufstrebenden Mitarbeitenden bewusst einen niedrigeren Lohn, geben dafür aber viele Extras. Es wird mit Statussymbolen geködert, was das Zeug hält. Und diese Nebenleistungen treffen voll ins Schwarze. Bei uns Personalern heißen sie »fringe benefits«. Für das Unternehmen sind sie steuerlich gut absetzbar und könnten diplomatisch verbucht werden.

Ein Geschäftsleiter sagte einmal zu mir: »Gib einem jungen Mitarbeiter einen schicken, teuren, schnellen Firmenwagen einer bekannten Marke und schau, was passiert. Anfänglich fährt er ihn genauso wie seinen gebrauchten. Aber, und das ist jetzt wichtig, sein Umfeld, also Nachbarn, Familie, Freunde, reagiert auf das neue Auto. Daraufhin passt er seinen Fahrstil unbewusst nach und nach dem mit dem Auto verbundenen Status an – spätestens dann, wenn er bemerkt, dass man ihm auf der Autobahn Platz macht, wenn er so richtig aufs Gas drückt.«

Ja, dieser junge, ehrgeizige Mitarbeiter erntet Achtung, erfährt aber natürlich auch Neid und Missgunst. Wegen seines Firmenwagens! Natürlich spielen auch die neue Funktion und Aufgabe eine Rolle. Aber der Wagen, der ist sichtbar! Und dieser junge Mitarbeiter auch.

Lohnverhandlungen auch als Mitarbeitender richtig angehen

Die meisten Vorgesetzten werden für Lohnverhandlungen eingehend geschult – der letzte Trainer, den ich für fünfzehn Führungskräfte zum Thema Lohnverhandlungen gebucht hatte, erklärte: »Niemals Forderungen nach Lohnerhöhungen beim ersten Mal annehmen. Die Ernsthaftigkeit muss sichtbar sein. Fünfzig Prozent aller Anfragen nach Lohnerhöhungen erledigen sich nach dem ersten Gespräch. Die anderen fünfzig Prozent muss man jedoch im Auge behalten!«

Welchen Stellenwert eine Lohnerhöhung und das gute Gefühl, sich beim Chef durchgesetzt zu haben, haben und welche absurden Folgen es haben kann, wenn Mitarbeitende sich vor allem darüber definieren, zeigt folgendes Beispiel, das ich in der Kantine mitbekam: Zwei Männer – ich nenne sie mal Paul und Peter – unterhielten sich über das Mitarbeitergespräch mit dem Chef. Paul zu Peter: »Es ist super gelaufen. Der Alte weiß genau, was er an mir hat. Ab ersten Januar kriege ich fünfhundert mehr!« Dabei jauchzte er und schlug sich auf die Schenkel. Sein Gegenüber schluckte deutlich und meinte kleinlaut: »Und zu mir hat er gesagt, mehr als hundert sind pro Mitarbeiter in diesem Jahr nicht drin!«

Auch ich schluckte und war fremdbeschämt, denn ich wusste sicher, dass Paul in diesem Jahr gar keine Gehaltserhöhung erhalten hatte. Als Personalerin eines KMU weiß ich genau, wer und wer nicht. Meistens wurden im Vorfeld bereits Gespräche mit den Vorgesetzten geführt. Wenn die Elefantenrunde jeden Montagmorgen tagt, werden auch solche Themen besprochen.

Neun Tipps, was du für mehr Geld vom Chef tun kannst

Diese Ideen wurden von Teilnehmern aus dem Kurs »Hey Boss – ich brauch mehr Geld!« zusammengetragen.

#1 Bereite Schritt für Schritt vor, wie du die Gehaltserhöhung beim Vorgesetzten erreichen kannst. Investiere Planungszeit.

#2 Warum bist du mehr Geld wert? Erstelle ein gutes Argumentarium – mindestens vier Argumente, das beste Argument an zweiter Stelle.

#3 Schreibe dir die vier wahrscheinlichsten Gegenargumente deines Chefs auf und finde zu jedem zwei entkräftende Antworten, die es in sich haben.

#4 Verstehe, wie dein Chef tickt, und hole ihn genau in dieser Art und Weise ab. Schließe nie von deinem Verhalten auf das Verhalten des Chefs.

#5 Frage deinen Chef aktiv, was er konkret von dir erwartet. Halte es für dich schriftlich fest. Besser noch, bestätige deinem Chef das Gespräch per Mail – schreibe eine kurze Zusammenfassung, beginnend mit: »So habe ich Sie verstanden ...«

#6 Beobachte deinen Vorgesetzten. Wann sind seine persönlich guten Momente, in denen erste Gespräche zur Lohnerhöhung besonders passend sein könnten?

#7 Frage nicht nach einer Lohnerhöhung, sondern nach Gehaltsanpassung.

#8 Setze dir ein persönliches Minimum- und Maximumziel, bevor du in eine Lohnverhandlung gehst.

#9 Vermeide bei der Wortwahl »ich«. Nutze oft »wir«.

Fazit

Geld, Zaster, Knete, Kohle ..., nenne es, wie du magst. Du tauschst es ein gegen deine Lebens- und Arbeitszeit. Es sollte dir also auch ein gutes Leben neben der Arbeit ermöglichen. Frag dich deshalb, was dir deine Zeit wert ist – siehst du die Wertschätzung mit Gehalt, Lohn oder mit Bonuszahlungen als abgegolten an? Oder hast du dich innerlich schon verabschiedet? Machst du nur noch Dienst nach Vorschrift? Hast du das Gefühl, dass du mehr verdienst? Wenn ja, sage es deinem Vorgesetzten. Keine innere Kündigung der Welt hat je etwas zum Guten bewegt. Reden ist manchmal doch Gold.

5.
Wieder nicht befördert?

»

Lebenslanges Lernen lässt sich nicht mehr leugnen. Es hilft, die eigene Arbeitsmarktfähigkeit zu erhalten. Lebenslanges Lernen lockt uns immer wieder aus der bequemen Komfortzone heraus. Lebenslanges Lernen ist schön!

«

Warum der beste Verkäufer nicht Vertriebsleiter wird

Du machst mehr Überstunden als alle anderen. Du bist nicht nur loyal, sondern immer zur Stelle. Selbst am Wochenende gehst du ins Büro, beantwortest die Mails – deine Beförderung ist längst überfällig. Doch für eine Beförderung gilt das Gleiche wie für die Gehaltserhöhung, die meist Hand in Hand mit der Beförderung geht: Sichtbar werden ist auch hier der Schlüssel, am besten kombiniert mit gutem Selbstmarketing.

Die meisten Beförderungen erfolgen zuerst in der klassischen Fachlaufbahn. Also vom Marketingassistenten zum Marketingfachmann, dann zum Marketingexperten oder, was viele unter dem Begriff Beförderung verstehen, der Wechsel von der Fachlaufbahn in die Führungslaufbahn.

Dabei ist nicht jeder für die Teppichetage geeignet. Nur weil du ein toller Verkäufer bist, heißt das noch lange nicht, dass du auch ein guter Vertriebsleiter sein wirst. Personaler beobachten immer wieder – und manchmal auch mit Sorge – den Drang in die Führungslaufbahn.

Woher kommt dieser Drang? Du bist als Mensch doch nicht mehr wert, nur weil du führst! Du hast deinen Wert und den legst du für dich fest. Wenn du als Verkäufer glücklich und zufrieden in dem bist, was du gerade tust, dann bleib dabei. Weil dein Schwiegervater den Mann seiner Tochter als Chef sieht, heißt das noch lange nicht, dass es dein richtiger, passender Weg ist.

Ich weiß: Eine Beförderung sorgt immer für eine Menge Aufregung im geschäftlichen wie familiären Umfeld. Und ja: Es tut dem eigenen Ego gut. Es macht stolz und sorgt nicht selten für einen regelrechten Energieschub – eine Beförderung kann durchaus ein logischer und guter Schritt sein. Aber sie ist nicht immer die beste Option. Nach meiner Erfahrung dauert es weniger als vier Jahre, dann ist die Anfangseuphorie verschwunden. Stress und Druck, die sich durch diese völlig neue Aufgabe ergeben, verbessern weder Arbeits- noch Privatleben. Wie oft werden Menschen aus Positionen gerissen und hochbefördert. Sie fühlen sich geschmeichelt und nehmen die Stelle an. Und plötzlich merken sie: Der Status, der bessere Lohn sind es nicht wert. Sie verbringen mehr Zeit mit Führungsarbeit als an der geliebten Front. Jegliche Motivation fährt in den Keller.

Eine Beförderung kann ein logischer Schritt sein – manchmal wurde sie allerdings auch sorgsam mit der sogenannten Karriereplanung im Unternehmen erarbeitet.

In die Karrierefalle getappt

Der Vertriebsleiter hat gekündigt und die Lücke muss umgehend gefüllt werden. Der Blick fällt auf einen aufstrebenden jungen Mann mit sehr guten Verkaufsabschlüssen. Den muss man halten, der hat viel Potenzial, und außerdem wollte er eh eine Gehaltserhöhung. Die kann er sich jetzt erarbeiten. »Kollege Maier, zeigen Sie mal, was in Ihnen steckt!«

Er wird vertraulich vom Geschäftsleiter zum Mittagessen eingeladen. Man schmeichelt ihm, man schmiert ihm kräftig Honig um den Bart. Die Sache wird unter vier Augen besprochen. Maier bekommt eine kurze Entscheidungsfrist – man müsse im Falle seiner Absage schnell auf dem offenen Arbeitsmarkt suchen. Der Headhunter aus dem Golfklub habe ihn bereits angesprochen und er habe da zwei gute Vorschläge, begründet der CEO die Eile. Maier nimmt einen Tag später das verlockende Angebot an. Auch der neue Firmenwagen, ein PS-starker BMW, die Position als Abteilungsleiter und das Chefbüro sind eine wahre Wucht. Ganz zu schweigen von den Dienstreisen nach Südostasien, die mit dieser Stelle verbunden sind.

Herr Maier ist auf diese Weise in die Karrierefalle getappt. Die Geschäftsleitung erwartet natürlich, dass er die gleichen Zahlen, besser noch mehr als vorher, abliefert. Zudem muss er die Führung von fünfzehn Verkäufern übernehmen. Die Führungsarbeit hat Maier völlig unterschätzt. Er kniet sich rein und spürt die Widerstände des Teams, nachdem er vom Teamkollegen in die Rolle des Chefs gewechselt ist.

In Bern sagt man: »Schauen wir doch mal, wie der Mitarbeiter sich metzget.« Was sehr frei übersetzt heißt: »Überfordern wir ihn ruhig. Dann kann er zeigen, wo seine Belastungsgrenze ist!« Ruckzuck ist man eine Leistungsmarionette der Firma.

Fazit

Prüfe dich und deine Ambitionen gut. Stelle dir stets die richtigen Fragen: WILL ich das? Will ICH das? Will ich DAS? Sind es deine ganz eigenen Ziele? Wenn du dreimal beherzt und klar mit Ja antworten kannst, dann gehe diesen Weg – mit allen Konsequenzen!

6.
Mitarbeitergespräche nach Gutsherrenmanier oder Edelmenschtum

»

Ich behaupte, je höher die Position, desto weniger zählt die Fach-/Methodenkompetenz. Es ist die Persönlichkeits-/Sozialkompetenz, die den Ausschlag gibt, ob man ein guter Mitarbeiter ist.

«

Erste Unternehmen schaffen Mitarbeitergespräche bereits wieder ab, während sie gleichzeitig in allen Fachausbildungen noch als das alleinseligmachende Personalführungsinstrument deklariert werden.

»Mitarbeitergespräche sind doof!«, sagte Hans M., angehender Technischer Kaufmann aus Basel, im Fach Personalbeurteilungen zu mir als Dozentin. Und er fuhr fort: »In unserem Unternehmen sind diese Gespräche optional und dauern allerhöchstens zehn Minuten. Vorher müssen wir jedoch ausstempeln.«

Autsch! Das kann doch nicht wahr sein! Werfen wir einen Blick in die schöne Theorie der Lehrbücher: Mitarbeitergespräche sollen Beurteilungs- und Qualifikationsgespräche sein. Mitarbeiter erfahren von ihren Vorgesetzten, wie sie die qualitativen und quantitativen Leistungs- und Verhaltensziele beurteilen.

Damit soll die Beziehung zwischen Vorgesetzten und Mitarbeitern vertieft, verbessert, geklärt und idealerweise sollen zukünftige Entwicklungsmöglichkeiten besprochen werden. Das Sahnehäubchen in den Beschreibungen zu diesem wichtigen Thema lautet sinngemäß: Eine etwaige Lohnrelevanz in einem Beurteilungsgespräch ist umstritten. Priorität hat immer die Beurteilung der Ziele, die ja durch den Lohn bereits monatlich »honoriert« werden.

Also doch eine Einbahnstraße? Nein! Ein Mitarbeitergespräch ist der Abgleich von zwei Seiten. Ein Führungsinstrument, welches auf Augenhöhe zu erfolgen hat. Dabei kann es wirklich ein lebendiges, tolles Führungsinstrument sein. Es kann aber auch eine unbeliebte, administrative Routine sein. Führungskräfte nennen es gerne: »Der jährliche Papiertigerwahnsinn«. Ein Beurteilungssystem, welches nicht überlegt und sinnhaft in einem gesamten Führungsprozess integriert ist, kann nicht nachhaltig erfolgreich sein. Es bleibt zwangsläufig eine Alibiübung und allgemein verhasst.

Führungskräfte, die nach Gutsherrenart führen, tragen sie noch, diese alten Zöpfe, und es ist kein leeres Versprechen, wenn ich sage: »Sobald ich sie erwische, schneide ich sie ihnen ab!«

Mitarbeitergespräche – Praxisbeispiele von »bösen« und »guten« Vorgesetzten

Da ist der Leiter Bauhof. Ein alter Haudegen, der in wenigen Jahren pensioniert wird. Er führt zwanzig Werkhofmitarbeitende mit strenger, autoritärer Hand. Sein Lieblingsspruch, und den können alle Mitarbeiter auswendig, lautet: »Du wirst nicht fürs Denken bezahlt, sondern fürs Arbeiten. Denken tu ich hier!«

In bester Gutsherrenart lässt er einen Mitarbeiter nach dem anderen zum Gespräch antreten. Seine eigene Redezeit beträgt achtzig Prozent. Er stellt geschlossene Fragen und redet viel über Arbeitskollegen. Er beurteilt, spricht in Ich-Sätzen, schaut ständig auf die Uhr, wärmt alte Geschichten auf. Das Beste: Er hat zu jedem seiner Mitarbeiter eine Art Rabattmarkenheft angelegt. Klammheimlich eine »hidden agenda«. Jeder Fehler wird fein säuberlich gesammelt und am Tag des Mitarbeitergesprächs eingelöst. Denn hier erfolgt der Rundumschlag.

Der Leiter Bauhof ist der festen Meinung, fehlende Anerkennung führe zu mehr Leistung und jedes Lob müsse mit einer Kritik verknüpft sein. Zum Schluss sagt er fast immer gönnerhaft, er werde sich für den Mitarbeiter beim Big Boss einsetzen und wenigstens eine kleine Gehaltserhöhung rausboxen. Die Zuckerbrot-und-Peitsche-Politik hat sich für ihn bewährt.

Demgegenüber sind allerdings auch Mitarbeitergespräche, in denen die Führungskraft in die Rolle des Edelmenschen schlüpft, nicht im Sinne eines solchen Gesprächs.

Natürlich ist es für Mitarbeitende schön zu hören, dass sie wertgeschätzt werden. Beginnt der Chef jedoch mit: »Lieber Mitarbeiter, du bist für mich das Wichtigste hier. Ich respektiere dich. Ich gebe dir gerne Wertschätzung.

Ich begegne dir stets auf Augenhöhe. Ich will dir bei deiner Weiterentwicklung helfen. Ich bin so froh, dass du in meiner Abteilung bist!«, dann fühlt der Mitarbeiter sich grausam veräppelt. Wenn er dann noch weiß, dass der Chef gerade letzte Woche einen entsprechenden Kurs für Führungskräfte besucht hat ...

Dieser gute Vorgesetzte hat einige Wochen zuvor den Mitarbeiter mit einem Formular ordnungsgemäß eingeladen, einen Raum reserviert und sich mindestens zwei Stunden Zeit genommen. Er hörte aktiv zu, lobte jede einzelne Selbstverständlichkeit über den Klee – übrigens eine bewährte Methode, um Mitarbeiter, die gehen wollen, zu halten –, hörte die Selbstbeurteilung des Mitarbeiters und gab überall einen Punkt mehr als in dessen Selbsteinschätzung. Er versprach das Blaue vom Himmel und die meiste Gesprächszeit wurde den Wünschen des Mitarbeiters und der Vorgesetztenbeurteilung gewidmet. Er beendete das Gespräch so, wie er es begonnen hatte, beweihräucherte den Mitarbeiter und die gemeinsame Zukunft im Unternehmen. Nach dem Gespräch sank er selbstverliebt in den Bürosessel und klopfte sich selbst auf die Schulter. Gut gemacht, Hans! Du bist ein toller Chef.

Die Absicht mag gut sein – aber wo die Echtheit der Worte nicht spürbar ist, da sind sie klar umsonst. Was übrigens nicht nur für Mitarbeitergespräche gilt.

»Gute Führungskräfte führen viele Feedbackgespräche mit ihren Mitarbeitenden ... ohne dass dies eines Formulars und eines vorgegebenen Intervalls bedarf.« Dieses Argument begegnet mir immer wieder. Ja, das ist richtig. Ich brauche kein Formular, um dieses Gespräch zu führen. Es dient nur als Hilfsmittel, damit an alles gedacht wird. Nicht mehr und nicht weniger. Und: Schriftlichkeit schafft Verbindlichkeit.

Diese Verbindlichkeit ist wichtig, denn ich denke, es ist wertvoll für beide Seiten, einmal im Jahr eine ungestörte Stunde zu haben und eine gegenseitige Standortbestimmung zu erfahren. Ziele des Unternehmens auf die eigene Funktion heruntergebrochen klar und deutlich zu sehen. Ein standardisiertes Gespräch ist ein hilfreicher Leitfaden und bietet Zeit für Zwischenmenschliches. Denn Hand aufs Herz, die wenigsten Führungskräfte haben genügend Führungszeit zur Verfügung. Sie müssen lavieren zwischen Mitarbeitern, die Gesprächszeit einfordern, und denen, die immer wieder deutlich zu verstehen geben, dass sie einfach nur in Ruhe gelassen werden wollen.

Stell dir vor diesem Hintergrund vor, dass eine Kündigungswelle anrollt: Was denkst du, welcher Name fällt zuerst? Der des Mitarbeiters, mit dem man im engen Kontakt stand, oder der, der wie ein Fisch durchs Netz schlüpfte?

Zugegeben: Die Art und Weise steht und fällt mit der menschlichen Reife und Professionalität des Gesprächsführenden – daran kann man arbeiten und Mängel dürfen kein Grund sein, das System als Ganzes infrage zu stellen. Obwohl ich mehr schlechte als gute Gespräche erlebt habe, bin ich ein Verfechter dieses Führungsinstruments. Erst ein transparentes, gelebtes, passendes und einheitliches Beurteilungssystem macht ein Unternehmen und seine schönen Worte in Leitbildern glaubwürdig. Und die Wenn-ich-nix-sage-ist-schon-gut-Liga erhält damit einen deutlichen Dämpfer.

Was so in Großkonzernen bereits gut gelebt wird, wird im Mittelstand immer noch belächelt oder nicht selten nur halbherzig durchgeführt. Trotzdem sind Mitarbeitergespräche sinnvoll: Personalabteilungen sammeln die Ergebnisse und werten sie zentral aus. Zukünftige Personalentscheide können in jedem einzelnen Personalprozess dadurch gestützt werden.

Zum besseren Verständnis: Das Mitarbeitergespräch kann zur Laufbahnplanung und Personalentwicklung hinzugezogen werden. Und es spielt auch beispielsweise bei der Erstellung von Arbeitszeugnissen eine wesentliche Rolle. Zu viele Beurteilungskriterien überfordern jedoch die meisten Mitarbeitenden und Vorgesetzten. Das mag vielleicht auch den immer noch enormen Widerstand diesem Führungsinstrument gegenüber erklären, den Personaler täglich erleben. Es gelingt nur selten, den beiderseitigen Nutzen eines Beurteilungssystems schmackhaft zu machen.

Mitarbeitergespräche erfolgreich meistern

Hier einige Erkenntnisse der Teilnehmer des Kurses »Mitarbeitergespräche erfolgreich meistern«:

- Vorgesetzte wie Mitarbeiter bereiten diese Gespräche vor.
- Die Einladung zum Gespräch erfolgt mindestens zwei Wochen vor Termin.
- Im Gespräch gilt der Chancen- und nicht der Rotstiftblick.
- Zu jeder Kritik/jedem Lob gehört ein Beispiel.
- Nicht der Mensch wird beurteilt, sondern nur das gezeigte respektive erlebte Verhalten.
- Faires Klartextreden ist besser als ein Kumpelgequatsche.
- Mitarbeitergespräche werden immer in einem neutralen Raum geführt – Störungen werden bereits im Vorfeld ausgeschlossen.
- Es wird nie über andere getratscht.
- Eine Unterschrift unter dem Mitarbeitergespräch kann nicht erzwungen werden. Wenn der Mitarbeiter nicht einverstanden ist, dann soll er dies so vermerken und diesen Vermerk unterschreiben.

Fazit

Nutze das Mitarbeitergespräch für dein Selbstmarketing und für eine Standortbestimmung. Bereite dich gut darauf vor. Egal, wie dein Vorgesetzter dieses Gespräch führt, du holst das Beste für dich raus, denn du weißt, Ergebnisse aus diesem Gespräch können zur Zeugniserstellung herangezogen werden. Auch der etwaige Nachfolger deines jetzigen Chefs erhält die Unterlagen und orientiert sich in der Regel an dem, was war.

Leider gilt: Du kannst deinen Vorgesetzten nicht ändern. Wenn er dieses Gespräch als unnötig ansieht und es daher im Schweinsgalopp durchzieht, sagt das mehr über ihn aus als über dich.

7.
T. e. a. m. –
Toll, ein anderer macht's

»

Manche Mitarbeiter erlebe ich sehr generös im Umgang mit Informationen über andere!

«

Eine Stadtverwaltung suchte einen Sozialarbeiter: »Um das bestehende Team optimal zu ergänzen, richtet sich diese Stellenausschreibung insbesondere an männliche Bewerber!« Ich war nur wenig überrascht. Gerade in diesem Bereich gibt es einen deutlichen Frauenüberschuss. Der Arbeitgeber suchte daher bewusst ein männliches Teammitglied – vielleicht um einen emotionalen Ausgleich zu schaffen. Vielleicht, weil das Arbeitsfeld ein eher frauenfeindliches sein wird, vielleicht ... ich weiß es nicht.

Es gibt kaum Spannenderes, als Teams zu beobachten. Die Spiele, die hier gespielt werden, sind hin und wieder filmreif. Die Serie *Stromberg*, eine deutsche Comedy-Fernsehserie hat ein solches Format in fünf Staffeln von 2004 bis 2012 ins deutsche Fernsehen gebracht. Reality ist im Trend und ja, das Leben gibt immer die besten Beispiele und zeigt, worauf die Theorie niemals kommen würde.

Das Phasenmodell von Bruce W. Tuckman – Praxisbeispiele

Bruce W. Tuckmans Phasenmodell geht von vier grundsätzlichen Phasen im Teambuildungsprozess aus, die oft beobachtbar sind.

Phase 1 – die Forming-Phase

Am Montag hat der neue Kollege Franz angefangen. Doch was aus der Ferne unterhaltsam zu beobachten sein mag, ist für Franz alles andere als amüsant. Er sucht nach Orientierung und versucht, die anderen Teammitglieder zu beschnuppern, einzuschätzen, einzuordnen.

Rasch spürt und analysiert er die ungeschriebenen Gruppenregeln. Er erkennt den teameigenen Verhaltenskodex und entschlüsselt die Rituale. Es gibt den Kühlschrank, der offensichtlich immer von allen für alle mit Bier befüllt wird, und dass es eine Hierarchie gibt, wer was zuerst und so weiter, versteht er ebenfalls.

Franz, der Neue, konzentriert sich vor allem auf die einzelnen Teammitglieder. Nicht das Lösen von Aufgaben seines Arbeitsfeldes steht im Mittelpunkt oder die übergeordneten Ziele, sondern das Team. Mit betonter Höflichkeit und Zurückhaltung ist er immer auf der Suche nach dem kleinsten gemeinsamen Nenner: »Ach, du spielst auch Fußball – wo denn? Ja, da bin ich zur Schule gegangen. Ist Georg dein Trainer? Er ist mein Cousin!«

Franz hat es trotzdem gut in dieser Situation! Denn Franz hat einen Vorgesetzten, der sich in dieser Phase leitungsstark zeigt. Er gibt zusätzlich Unterstützung und vermittelt Sicherheit.

Aus der Praxis weiß ich: Es kann auch anders laufen!

Phase 2 – die Storming-Phase

Der erste gemeinsame Nenner ist gefunden: Fußball. Jetzt werden Unterschiede entdeckt. Eine eiserne Regel hat man Franz gerade zu Anfang klar vermittelt: »Kein Bier vor vier!« und dabei gezwinkert und gelacht. Franz stellt fest, dass diese Abteilung sehr trinkfest ist.

Franz mag so gar kein Bier und das anfänglich freundliche Klima weicht langsam den Geltungs- und Machtansprüchen einzelner Teammitglieder. Er bemerkt, dass Peter, Max und Brigitte sich immer wieder profilieren wollen. Das beobachtet er bei Diskussionen um Vorgehen oder Lösungsansätze. Denn dann prallen die verschiedenen Vorstellungen heftig aufeinander. Es blitzt und donnert. Deutliche Interessensgegensätze, Antipathien, Selbstbehauptungstendenzen, aber auch Sympathien werden offensichtlich. Franz bemerkt auch eine ganz eigene Art der Streitkultur, die dieses Team hat. Mehr und mehr zeigen sich Emotionen und Wettbewerbsgefühle, und tatsächlich spitzen sich Konflikte wegen Nichtigkeiten zu.

Um was ging es eigentlich heute? Peter warf Max vor, dass er durch seine ständigen Alleingänge den Erfolg des aktuellen Projekts erheblich schmälert. Brigitte bestätigt und macht gleichzeitig Peter den Vorwurf, er habe eine lausige

Gesprächskultur. In dieser Storming-Phase, die es in jedem Team gibt, steht die Organisation des Teams im Vordergrund, nicht der Konflikt. Leider ist das für Außenstehende so ganz und gar nicht ersichtlich.

Die erfahrene Führungskraft kennt zum Glück das Spiel, das immer gleich abläuft – einzig die Akteure sind unterschiedlich. So kippt der Chef weder Öl ins Feuer, noch wird er parteiisch mit Aussagen wie: »Das hätte ich euch vorher sagen können!« oder »Ich finde die Idee von Max absolut genial«.

Nein, er schafft Raum und fördert ein offenes Kommunikationsklima, die Bereinigung der Situation und Entladung von Spannungen.

Phase 3 – die Norming-Phase

Das Gewitter hat sich entladen. Der Regen zieht weiter. Die Sonne blitzt vereinzelt durch die Wolken.

Max und Peter suchen Gemeinsamkeiten. Brigitte, Udo und Franz gehen mit Distanz an die noch leicht vorherrschende Emotionalität, und plötzlich entwickelt sich zaghaft eine Art Zusammenhalt. Es werden gemeinsame Regeln angesprochen und auf eigene Weise definiert – zum Beispiel: Zukünftig sprechen wir die Dinge vorher an!

Das Team findet einen Konsens, den alle irgendwie akzeptieren können. Und der Chef? Der greift auch in dieser Phase selten ein. Aber er zeigt seine ganze Unterstützungsbereitschaft.

Phase 4 – die Performing-Phase

Hier steht die Sachebene im Vordergrund. Die Beziehungsebene ist mittlerweile geklärt. Die Teammitglieder wollen gemeinsam Resultate durch Beständigkeit, Produktivität und Engagement erzielen. Natürlich gibt es kleinere oder größere Anpassungen, aber jeder hat seine Schmerzgrenze aufgezeigt, Kooperationen sind jetzt möglich. Die gemeinsame Arbeit verbindet. Die Führungskraft tritt hier bewusst in den Hintergrund. Sie wird nur dann eingreifen, wenn ein Feuer wieder auflodert oder wenn sie direkt auf Hilfe angesprochen wird.

Fazit

Eine Integration, zumindest aber der Anschluss an ein Arbeitsteam, hat für einzelne Mitarbeitende durchaus Vorteile.

Wer ein fröhlicher Mensch ist, ist bei anderen beliebt. Wer beliebt ist, hat Aussicht auf Belohnung und Anerkennung. Positive Menschen wirken ansteckend.

Wer überzeugt ist, dass er nur als kooperatives Teammitglied ein anvisiertes Ziel erreichen kann, wird sich so verhalten und gegebenenfalls auch Umwege gehen, wenn es für das Team, einzelne Mitglieder oder die Aufgabe Sinn macht.

Wer keine Handlungsalternativen kennt, wird sich so verhalten, dass er es einfacher hat. Die Anpassung endet erst, wenn man sich nicht mehr verdrehen muss.

Wer nicht ausgeschlossen werden will, muss gemeinsame Entscheidungen mittragen. Er muss ehrlich spüren: »Das ist es mir wert!«

Aber Achtung! Ich habe noch nie ein Team erlebt, das befördert wurde. Nur viele einzelne Teammitglieder.

Rangdynamik in Gruppen nach Schindler

Kennst du die Gegner deines Teams?
Raoul Schindler hat schon 1950 ein viel beachtetes Modell der Rangdynamik in Gruppen entwickelt. Demzufolge gibt es innerhalb einer Gruppe folgende Typen: den Gruppenführer (Alpha), seine Gefolgsleute (Gamma), die Außenseiter (Omega) und von Alpha anerkannte Beta. Außerdem den Gegner der Gruppe!

Wie das im Arbeitsleben aussieht, möchte ich an dem Team von Michael, Eva, Heiri und Kurt sichtbar machen. Alle arbeiten gemeinsam in einem Team in einer Filiale in Köln.

Der Alpha-Mann

Michael repräsentiert das Team Köln nach außen. Er genießt volle Unabhängigkeit. Michaels Ziele sind die Ziele des Teams beziehungsweise das Team verfolgt seine Ziele. Michaels Erfolg und Misserfolg stehen im Gleichklang mit denen der Gruppe.

Wie wurde Michael zu einem Alpha-Mann? Es ist sein Wille, seine Energie, seine Zielstrebigkeit, diese Rolle einzunehmen. Dazu brauchte er erst einmal das Okay der Gruppe. Das hat er sich damals aktiv abgeholt, als er zum stellvertretenden Filialleiter von Köln befördert wurde. Sein Credo: Ich bin einer von euch! Damit demonstrierte er die Schicksalsverbundenheit deutlich.

Die Beta-Frau

Eva kennt die Interessen des Teams sehr genau. Als Spezialistin für interne Abläufe berät sie gerne das ein oder andere Teammitglied. Ihre Autorität bleibt stets unangefochten. Dafür muss sie sehr viel leisten. Sie hat viele Überstunden, organisiert die Stellvertretungen und hat als Einzige Zusatzkurse für die neue Software besucht.

Damit ist Eva eigentlich viel unabhängiger als Michael, der ein typisches Alphatier ist. Aber sie weiß, dass Michael für sie wichtig ist. Ohne seine Anerkennung geht gar nichts. Damit hat sie den Respekt der anderen Teammitglieder. Letzten Monat hatte Michael einen wichtigen Kunden verloren. Eigentlich war es nicht Evas Problem, aber sie konnte es ausbügeln und wurde schlussendlich noch dafür vom Chef Europa ordentlich zusammengefaltet. Eva nimmt das leidend hin. Denn sie hat gute Aussichten, irgendwann einmal die Alpha-Position einzunehmen.

Der Gamma-Mitarbeiter

Heiri hat die Gamma-Position im Team inne. Er ordnet sich gerne der Gruppe unter. Er fühlt sich wohl im Gefolge von Alpha Michael. Heiri engagiert sich für die Gruppe, will jedoch auf keinen Fall Verantwortung übernehmen. Im Mittelpunkt eines Geschehens zu stehen, ist ihm ein Graus. Entweder verhält er sich still, loyal und arbeitsam oder er setzt sich für das Handeln von Alpha Michael ein und genießt dafür eine bevorzugte Behandlung. Manchmal hat er aber auch mehr Sympathien für Eva in der Beta-Position. Man weiß ja nie: Wenn Michael kippt, ist es besser, gute Karten bei Eva zu haben.

Der Omega-Feind

Kurt ist das schwarze Schaf der Gruppe. Er besetzt als Außenseiter fast immer die Omega-Position. Damit nimmt er eine durchaus wichtige Rolle ein, denn so stabilisiert er das Team.

Jedes Team braucht einen solchen »inneren Feind« – sozusagen fürs Gleichgewicht. Das wird natürlich niemals ausgesprochen oder thematisiert, aber es wird gelebt. Und es ist sichtbar.

Was macht Kurt zum Feind? Er kritisiert hin und wieder Michaels Verhalten. Er äußert sich kritisch über dessen Entscheidungen oder Wortwahl. Und er stellt vieles infrage.

Der Gegner der Gruppe

Zum Schluss ist da noch der offensichtliche Gegner: Marc. Er hat gewisse Ähnlichkeiten mit Omega Kurt. Wie Kurt verkörpert er das Feindbild, steht aber außerhalb des Teams. Damit ist die Feindschaft offensichtlich. Marc ist für alle der Brechreizbeschleuniger.

Er ist der Abteilungsleiter der Filiale in Bonn. Wann immer die Stellvertreter und Abteilungsleiter aller Filialen zusammensitzen, schießt er gegen Michael, was das Zeug hält – teilweise berechtigt, teilweise unberechtigt. Die Art und Weise ist dabei allerdings mehr als zweifelhaft.

Auf diese Art können nach Schindlers Modell die Mitglieder eines Teams eingeschätzt werden – mit dem Bewusstsein im Hinterkopf, dass jedes Team durch seine individuelle Zusammensetzung selbst höchst individuell ist.

»Äs menschelt«, sagen die Berner und drücken mit diesen beiden Worten alles über Teams aus, was man wissen muss. Wenn verschiedene Menschen zusammenkommen, gibt es immer Anpassungsschwierigkeiten.

Die Berner nehmen es mit Gelassenheit hin. Sie wissen, dass jeder Mitarbeiter, jeder Vorgesetzte, jedes Unternehmen ein eigenes unbewusstes, ungeschriebenes Regelwerk hat. Keine Firma tickt wie die andere. Menschen sind verschieden und alle haben ihre eigene Geschichte, Erfahrung und jeder denkt, dass die eigenen Gedanken wahr sind. Man glaubt, man selbst sei normal und der Kollege Müller der Idiot.

Es sind jedoch die Beziehungen, die uns Halt geben. Nur mit guten Beziehungen zu den Kollegen gelingt es uns, den Erneuerungen der Arbeitswelt zu begegnen.

Fazit

Toleranz, Begeisterung und Akzeptanz, dass wir alle ein bisschen verschieden sind, statt Grummeln im Bauch, Widerstand und negatives Kopfkino können ein Miteinander erheblich fördern. Verständnis für andere Haltungen und Werte, Mut zur diplomatischen Offenheit und Wertschätzung im Einklang mit gesundem Egoismus können eine zielführende Strategie sein.

Ich plädiere deshalb dafür, die Spielchen im Berufsalltag möglichst gar nicht erst mitzuspielen. Wer sagt denn, dass du jede Aufforderung annehmen musst? Es zeigt sich immer und überall wieder: Weder an der Kaffeemaschine dem Chor der Jammerer beizupflichten noch beim Mittagstisch über den Chef zu lästern bringt dich weiter.

Was dich aber bestimmt weiterbringt: Fragen, statt voreilig zu kommentieren! Mit prägnanten, offenen Fragen ent-nervt man sich und kommt zu einem Verständnis. Ob du es in der Sache dann akzeptierst oder die gleiche Meinung vertreten wirst, steht auf einem anderen Blatt.

[illegible]

W[illegible] sich aber die dringlich[illegible] Fragen, statt vor[illegible] [illegible] pragmatische[illegible] offenen Fragen [illegible]

8.
Krisen – wenn Sand im Kommunikationsgetriebe ist

»

Jeder Chef kämpft mal mit Krisen. Mal groß – mal klein. Als Personaler erlebt man oft zwei Reaktionen von Vorgesetzten: aussitzen und zuwarten oder völlig ignorieren und so tun als ob.

«

»Ich krieg' eine Krise!«, schrie Maria und knallte Udo die Aktenberge auf den Tisch. »So geht das nicht weiter!« Sprach's und rauschte wie eine Dampfwalze aus dem Büro.

Es gibt Gurus, die Krisen als Geschenke des Lebens bezeichnen. Sie sagen auch, dass man nur an Krisen wachsen kann, und fordern dich auf, jede Krise zu umarmen. Lange habe ich diese Art, mit Krisen umzugehen, belächelt. Bis ich erfuhr, was Krisen Positives bewirken können – auch für mich. Verborgene Kräfte werden mobilisiert und die daraus gewonnene Energie bewirkt zielgerichtet unglaubliche kleine Wunder. Es sind immer unsere Gedanken, die Gefühle auslösen, nicht die Tatsachen. Analog dazu sind es bei der Krisenbewältigung ganz selten die sachlichen Auseinandersetzungen, die Änderungen bewirken – aber fast immer die Emotionen. Krisen gehen häufig mit emotionalem Stress einher. Gerade das zeigt sich im Berufsleben.

Berufliche Krisen sind oft mit der Angst verbunden, in der Tätigkeit zu scheitern oder vom Team oder Chef abgelehnt zu werden. Immer, wenn wir etwas nicht kennen und noch nicht erfahren haben, können wir Situationen nicht kontrollieren. Es ist ein lebenslanger und alle Lebensbereiche betreffender Prozess. Nur durch viele Ereignisse in unserem Leben entwickeln wir uns – ab und zu sogar ganz ohne aktives Zutun.

Hier möchte ich ein Zitat von Jim Rohn teilen, weil es mir zutreffend und passend scheint: »Du bist der Durchschnitt der fünf Menschen, mit denen du die meiste Zeit verbringst.«

Ich glaube weder an die Zahl fünf noch an das Zeitkontingent – aber ich weiß, dass das Umfeld uns prägt, ob gewollt oder ungewollt. Besonders Krisen im Arbeitsumfeld verletzen, verärgern und hinterlassen lebenslange persönlichkeitsentwickelnde Spuren. Gratis. Franko. Frei. Und nicht selten teuer bezahlt.

Schlussendlich hast du es trotzdem selbst in der Hand. Du wirst in deinem Arbeitsleben immer wieder Verunsicherungen spüren und Krisen erleben. Die Verunsicherung selbst ist kaum ein Problem – aber der Umgang damit. Stolpern und Hinfallen gehören zum Leben – ärgerlich, mehr nicht.

Ärger macht alles noch ärger

»Aber von Ärger über Ärger wird alles nur noch ärger«, sagte erst kürzlich Kurt Tepperwein in einem Radiointerview. Wie wahr – so oft sehe ich Mitarbeiter und Vorgesetzte, die sich an alten Geschichten und einmaligen Erlebnissen hochschaukeln.

Als Personalerin erlebe und begleite ich sowohl diese kleinen als auch große Krisen. Ich habe den Umgang gelernt mit den emotionalen Handgranaten, die in Büro oder Werkstatt einfach so hochgehen. Und immer ist es das Gleichgewicht, das die Betroffenen verlieren. In dem, wie sie das wegstecken und womöglich etwas Gutes für sich herausziehen, zeigt sich dann deren eigentliche Stärke: ihre Resilienz, wie das Modewort dazu lautet. Es beschreibt eine mentale Eigenschaft und die Befähigung, mit Ungewissheiten, Veränderungen und Rückschlägen im Leben umzugehen. Es gibt sie, die Mitarbeitenden, die nicht an Krisen zerbrechen. Die daran wachsen und schlussendlich als selbstbewusst und gelassen wahrgenommen werden.

Andere halten lieber an der erreichten Mittelmäßigkeit fest und gehen jeglichen Krisen im Arbeitsleben möglichst weit aus dem Weg. Diese Mitarbeiter schleppen die Erinnerung an eine einstige Funktion oder ein einmaliges schlimmes Joberlebnis immer mit sich herum. Regelmäßig reißen sie ihre Wunden wieder auf. Und in besonders geselliger Runde voller Gleichgesinnter baden sie in ihrem Schmerz, der Wut, Trauer und Enttäuschung. Mit jedem Gespräch, jeder Erinnerung werden die Erlebnisse dramatischer und liefern den zweifelhaften Beweis, dass es sich niemals lohnt, ein Risiko einzugehen. Sie ertragen die Zweitklassigkeit, die der Job über sie verhängt, bis hin zur Pensionierung. Nur in ihrer Freizeit blühen sie auf. Es ist die TGIF-, die Thank-God-it's-Friday-Liga.

Wir alle haben sie, die Wunden, die noch nicht verheilt sind. Die Frage ist nur: Wie wollen wir damit umgehen?

Große Krise – kleine Krise: Beispiele aus der Praxis

Das Leben bleibt nicht draußen, wenn wir die Arbeitswelt betreten. Was hier und dort geschieht oder geschah, wirkt hier und dort weiter, zumindest aber nach. Beispiele dafür finden sich zahlreich:

Der Auszubildende, der Liebeskummer hat, und der Kollege, dessen Frau an Krebs erkrankt ist. Die Assistentin, die wegen Übernahme auf eine niedrige dotierte Stelle wechseln muss, oder der Tod von Eltern ... Persönliche Krisen begegnen uns immer wieder auch am Arbeitsplatz.

Wie können wir gut durch solche und andere Krisen kommen? Das Wissen um den Verlauf von Krisen kann bereits hilfreich sein. Ich möchte dies an einem Beispiel festmachen.

Anna wurde gekündigt und sie erhielt ein Outplacement – Begleitung innerhalb des Kündigungsprozesses bis hin zur neuen Stelle – bei mir.

Diese Dienstleistung kauft so manches Unternehmen bei einem externen Coach ein, um langjährigen Mitarbeitenden und Führungskräften Hilfestellungen zu bieten, damit sie schnell wieder auf dem Arbeitsmarkt Fuß fassen können.

Anna wurde quasi im Schockzustand in das Büro geführt, im welchem ich in der Rolle als externer Outplacementberater saß. Sie war wie paralysiert. Ich brauchte nur zuhören, als sie stockend redete. Sie war von einer Minute zur anderen in eine Krise geworfen worden. Diese schüttelte sie ordentlich durch. Die Tränen rollten nur so über die Wangen und die Hände waren permanent zur Faust geballt.

Eine solche Kündigungssituation ist immer besonders und kann keiner Regel untergeordnet werden. In solchen Krisenmomenten gebe ich vor allem Sicherheit und Verbindlichkeit. Später verabredete ich mich für den nächsten Tag mit ihr und fuhr sie anschließend nach Hause.

Bereits am nächsten Tag hatte ich von der dortigen HR-Abteilung ein Zwischenzeugnis in den Händen und konnte mit Anna vorsichtig in eine erste Beratung und Zukunftsplanung starten. Ich erklärte ihr anhand eines Beispiels, dass sie nun die vier Phasen einer Krise – also Schock, Ablehnung, Akzeptanz und Widerstand – durchlaufen würde und ich in jeder Phase begleitend bei ihr wäre.

In einem Outplacementprozess ist das Verstehen dessen, was in den aufeinanderfolgenden Phasen passieren wird, wesentlich. Ob ich nun einen Autounfall hatte, meine Stelle verloren habe oder einem Heiratsschwindler auf dem Leim gegangen bin ... Krisen laufen immer ähnlich ab.

Nützliches für eine Krise

In meinem Workshop »Juhuu – eine Krise!« sammle ich die Feedbacks der Teilnehmenden. Eine kleine Auswahl präsentiere ich hier:

Jeder aktive, schnelle Kampf gegen eine Krise verlängert das Ganze nur. Da musst du einmal voll eintauchen, um wieder voll aufzutauchen. Schaue lieber kurz, aber intensiv in die Wunde, als schnell ein Pflaster darüber zu kleben.

Vermeide blinden Aktionismus. Ruhe ist gerade hier Trumpf. Strukturiertes, überlegtes Vorgehen im zweiten Schritt ist wertvoll. Nicht immer ist ein absoluter Zeitdruck (wie zum Beispiel bei einem Unfall) vorhanden.

Es hilft definitiv, innezuhalten und eine Lebensrückschau zu machen. Wo und wann waren ähnliche oder ganz andere Krisen und wie habe ich diese bewältigt? Suche Leute, mit denen du darüber reden kannst. Aber keine Ratschlaggeber, sondern Zuhörer und Frager. Alleingänge sind in Krisenmomenten so gar nicht gut. Aber wähle die Personen mit Bedacht. Das Denken bleibt bei Krisen völlig auf der Strecke. Eine Verlangsamung tritt ein. Krisen überrumpeln uns oft; kluges Handeln ist angesagt.

Und meiner Meinung nach der vielleicht beste Tipp einer Teilnehmerin: Ich lege mir jetzt meine persönliche Krisencheckliste an, in der ich mir Schritt für Schritt aufschreibe, was ich bei einer Krise tun werde – abgeleitet von dem, was ich schon für mich als hilfreich empfunden habe.

Fazit

Blaise Pascal, ein Mathematiker und Philosoph, sagte: »Das Herz hat Gründe, von denen der Verstand nichts weiß!«

Das Problem entsteht immer im Kopf und wird damit auch dort bewältigt, gelöst. Und genauso ist es in Krisensituationen. Dabei ist wichtig zu wissen, dass die rationale Krisenbewältigung immer einen stark emotionalen Bezug hat. Mehr noch behaupte ich: Sie wird von ihr dominiert.

Eine in krisenlosen Zeiten angelegte Checkliste kann bei einer plötzlichen Krise enorm hilfreich sein. Große Unternehmen haben solche Checklisten bereits. Warum sollte ich dies als Mitarbeiter nicht auch haben? Du findest eine Krisencheckliste auf meiner Homepage unter der Rubrik Buch.

9.
Bis zur vollkommenen Unfähigkeit befördert

»

Wer aufsteigt, zieht oft Verbündete nach. Dabei wären die Besten im übernommenen Team die bessere Lösung. Das vermeidet eine Zweiklassengesellschaft und motiviert restliche Mitarbeiter.

«

Wie oft erlebe ich Coachees, die sich für eine Firma entscheiden, weil die Firma so einen guten Namen auf dem Markt hat, tolle Goodies, großartige Karriereaussichten oder Homeoffice und Personalentwicklungsmaßnahmen bietet. Dabei übersehen sie geflissentlich den Vorgesetzten, der bereits im Anstellungsgespräch eigenartige Andeutungen machte. Auch Auszeichnungen wie »Arbeitgeber des Jahres« helfen so gar nicht, wenn man vom Chef gemobbt beziehungsweise gebosst wird.

Die harte Realität jedoch: Häuptlinge bleiben, Indianer gehen! Insbesondere die Häuptlinge, die es lieben, Macht auszuüben.

Loyal zu sein, durchzuhalten und immer das Beste zu geben, das zeichnet die Mitarbeitenden unter solchen Häuptlingen aus. Sie warten jeden Tag darauf, dass die Firma den Chef endlich enttarnt und unter Schimpf und Schande von dannen schickt. Das passiert jedoch nie! Personaler beobachten eher das Gegenteil: Einem Indianer nach dem anderen wird gekündigt, der Häuptling wird nicht hinterfragt.

Schlechte Chefs sind teuer

Wir alle schuften ab und zu für einen inkompetenten Chef, der launisch, fies und hinterhältig ist. Und meist harren wir aus, weil der Ruf des Unternehmens so gut ist und wir wissen, dass uns das bei einem geplanten Jobwechsel Vorteile bringen wird.

Richtig! Bewerber aus guten Unternehmen werden 2020 beinahe überall bevorzugt. Nur bitte: Wer sagt denn, was gut und was schlecht ist?

Es gibt verschiedene Statistiken, die zum Thema gute und schlechte Führungskräfte kursieren. Alle haben jedoch den gleichen Nenner: Wenn Mitarbeiter kündigen, kündigen sie sehr oft wegen ihres Chefs. Damit wird klar: Schlechte Chefs sind teuer. Sie demotivieren, machen krank und lösen eine hohe Fluktuation aus.

Ganz spannend ist dies zu beobachten, wenn man als Personaler jährlich die Abwesenheitsstatistik (Fachbegriff: Absenzenstatistik), geordnet nach Lang- und Kurzabsenzen, auswertet. Ist die Führungskraft verhasst, unbeliebt und macht sie den Mitarbeitenden das Leben schwer, dann ist das durchaus ersichtlich. Diese Führungskräfte haben im Vergleich mit Kollegen vergleichbarer Positionen höhere Absenzen in ihrer Mitarbeiterschaft vorzuweisen.

Das betrifft nicht nur die Kurzabsenzen wie Freitag-/Montag-Fehltage, sondern auch Abwesenheiten aufgrund von Burn-out, Depressionen et cetera.

Nicht ohne Grund laufen die Kurse »Gesundes Führen«, die von den Krankenkassen promotet werden, so besonders gut. Längst ist bekannt, dass es zwischen der hohen Anzahl von Krankheitstagen eines Mitarbeiters und dem Verhalten der Führungskraft eine Verbindung gibt. Ausnahmen bestätigen hier die Regel.

Du nickst? Und fragst dich, warum denn keiner darauf reagiert? Diese Frage hat mich als Personaler auch lange umgetrieben. Da passiert ein Führungswechsel und die Krankheitstage in der Abteilung schnellen nach oben. Die Zahlen werden der Geschäftsleitung vorgelegt und die sagt, die Mitarbeiter müssten sich eben erst an den neuen Vorgesetzten gewöhnen. »Er hat auch seine guten Seiten.«

Ein Mitarbeiter nach dem anderen kündigt, begründet in Austrittsgesprächen und manchmal sogar im Kündigungsschreiben, der Grund sei die Führungskultur, und was passiert? Augenscheinlich nichts!

Nun, ganz so ist es nicht. Natürlich passiert etwas, aber das ist für die Mitarbeitenden nicht sichtbar. Zum Beispiel wird der Vorgesetzte zum Big Boss gerufen. Ihm wird kräftig der Kopf gewaschen, er verteidigt sich und nennt zahlreiche Gründe, warum es nicht geklappt hat. That's it.

Ich weiß es genau, weil ich diese Gespräche begleitet habe und meinen sonst so toughen Geschäftsleiter oftmals nicht mehr wiedererkannt habe. Geschäftsleiter sind die schützende Hand über Führungskräften.

Das heißt also, dass Geschäftsleitungen genau wissen, was los ist. Trotzdem halten sie an dem Mann oder der Frau fest, auch wenn sie diese hinter verschlossener Türe kräftig zusammenfalten. Nach dem Anpfiff geht es dann für alle sichtbar gemeinsam in die Kantine. Sie trinken zusammen einen Espresso, scherzen und gehen anschließend gut gelaunt auseinander. Der Grund dafür ist: Grundsätzlich ist es leichter, einen Mitarbeiter zu finden, der zu diesem Chef passt, als einen Chef, der zum ganzen Team passt.

Im Übrigen gibt es oft einige wenige Mitarbeiter, die ihre Vorgesetzten durchschauen: Sie kennen die Tabuthemen, die Vorlieben, und mit diesem Wissen manipulieren sie geschickt. Sie führen ihre Chefs! Und deklarieren sogar ihre eigenen Interessen als die des Chefs.

Wenn diese Strategie klug durchdacht ist, kann das sogar gut funktionieren. Wichtig ist aber auch hier, sich nicht zu verdrehen und verleugnen.

Aber, und das ist mir hier sehr wichtig: Es gibt sie noch, die guten Chefs. Ich erlebe sie täglich und winde ihnen an dieser Stelle ein Kränzchen. Führen ist eine herausfordernde Aufgabe – auch weil jeder Mitarbeitende seine eigenen Vorstellungen hat, wie er gut geführt werden will. Das wiederum bedeutet für die Führungskraft, weder zwischen Tür und Angel zu kritisieren, was das Zeug hält, noch ständig mit dem gespitzten Rotstift durch die Abteilungen zu hechten.

Gute Führungskräfte halten auch nichts von der Zuckerbrot-und-Peitsche-Politik, selbst wenn sich der Glaube daran, dass sie die vielleicht wirksamste sei, immer noch hält. Gute Führungskräfte wissen: Worauf ich täglich herumtrample, darauf kann nichts wachsen. Sie wollen mündige, wachsende, leistungsfähige und motivierte Mitarbeiter. Und sie vergessen dabei nicht, dass diese Mitarbeiter auch ebensolche Chefs wollen.

Fazit

Zu wissen, was man braucht, um gut mit einer Führungskraft zusammenzuarbeiten, ist der erste Schritt dahin, dass es mit der guten Zusammenarbeit auch wirklich klappt. Du bist keine Führungskraft, willst jedoch geschickt vorgehen? Hier prüfen (https://dianarothcoaching.com/bücher) findest du Themen, die einen guten Chef ausmachen. Fokussiere dich auf zehn Eigenschaften und gleiche ab, ob du sie hast.

Diese zehn Kernkompetenzen zeigst du ab heute ganz bewusst und deutlich und jede Woche aufs Neue. Thematisiere sie auch in Mitarbeitergesprächen.

Lass dich überraschen – vieles wird sich ändern, weil die Chef-Mitarbeiter-Beziehung ein dauerndes Spiegeln ist.

Das Peter-Prinzip

»Wie konnte der nur Chef werden?« – Hast du dir diese Frage auch schon mal gestellt? Oftmals empfinden wir einen Vorgesetzten als unfähig und als den sprichwörtlichen Elefanten, der ständig durch Porzellanläden trampelt.

1969 entdeckten Laurence J. Peter und Raymund Hull das Peter-Prinzip. Demnach werden manche Vorgesetzte so oft befördert, dass sie auf einen Posten gelangen, auf dem sie als total inkompetent wahrgenommen werden. Das Fazit der beiden US-Autoren: In jeder Firma gibt es Mitarbeiter oder Führungskräfte, die einen Posten bekleiden, den sie nicht ansatzweise ausfüllen können.

Provokant! Aber wie gut beobachtet ihre Annahme ist, zeigt jeden Tag die Praxis: Herr Muster ist so ein guter Servicetechniker, dass er zum Werkstattchef befördert wird. Auf dem neuen Posten scheitert er kläglich. Er mag weder managen noch Mitarbeiter führen.

Noch deutlicher zeigt sich dieser Missstand bei den sogenannten Pseudobeförderungen. Der Geschäftsleiter weiß schon lange, dass die Abteilungsleiterin unfähig ist. Trotzdem befördert er sie zur Filialleiterin – mit deutlich höherer Lohnstufe – und damit nimmt das Unglück seinen Lauf. Als Abteilungsleiterin wurde sie weg-befördert und als neue Filialleiterin befindet sie sich nun in einer Art Parkposition – der Komfortzone ziemlich ähnlich.

Sie präsentiert ihre neue Hierarchiestufe sehr deutlich: größeres Büro, größerer Dienstwagen und natürlich ein großer Schreibtisch. Sie plant auf Teufel komm raus die ihr anvertraute Filiale umzubauen und hält damit in der Hauptsache andere von der Arbeit ab.

Sie liebt es, Aktenberge um sich herum aufzubauen. Ihr Rotstiftblick findet jeden Rechtschreibfehler und Makel. Sie mutiert in kurzer Zeit zum Bedenkenträger der Firma. Sätze wie: »Da muss ich Ihnen aber heftig widersprechen. In Paragraf zwei unseres Spesenreglements ist dies anders deklariert!« liebt sie. Ihre neue Rolle füllt sie mit Eifer und Dankbarkeit aus. Manchmal wirkt sie jedoch sehr überfordert und verweist taktisch auf einen diensttieferen Vorgesetzten.

Beförderung bis zum Scheitern

In den Ausbildungsseminaren zum Führungsfachmann bezeichne ich das Peter-Prinzip gerne als Beförderung bis zum Scheitern. Und das nicht grundlos: Viele neue Vorgesetzte scheitern tatsächlich erst in den letzten drei Jahren ihres beruflichen Wirkens. Und zwar, weil sie nicht bemerkt haben, dass sie ein Opfer eben dieses Peter-Prinzips geworden sind.

Vorgesetzte sind auch nur Menschen. Und als solche machen sie auch Fehler. Sie stehen unter besonderer Beobachtung, denn ihre Fehler können viel Schaden anrichten – einerseits in dem Unternehmen und andererseits bei den Menschen, die ihnen anvertraut sind.

In meiner Personalerzeit in einem internationalen IT-Unternehmen lernte ich einen vorbildlichen Abteilungsleiter kennen. In seiner Abteilung gab es eine langjährige Mitarbeiterin, die es liebte, als Intrigantin manche gute Stimmung aufzumischen. Zudem war sie eine Heimlichtuerin und es gab Spekulationen darüber, ob sie es war, die das Kaffeepulver, Toilettenpapier oder anderes Büromaterial mitgehen ließ.

Gemeinsam mit besagtem Abteilungsleiter führte ich einige Gespräche mit dieser Frau. Zusätzlich wurde ihr ein Coach zur Seite gestellt. Nichts war erfolgreich. Auch drei Abmahnungen später hatte sich nichts geändert. Im Gegenteil, es wurde schlimmer: Kunden beschwerten sich vermehrt und Mitarbeiter kündigten.

Schließlich wurde ihr gekündigt. Die Kollegen waren entsetzt, zum Teil sogar sehr aufgebracht. Sie sahen nur die in ihren Augen nicht verhältnismäßige Reaktion des Vorgesetzten gegenüber einer langjährigen, treuen Mitarbeiterin. Was im Vorfeld alles passiert und unternommen worden war – davon wussten und erfuhren sie nichts.

Damit müsse er leben, meinte ihr Chef seinerzeit zu mir. »Ich bin Führungskraft aus Leidenschaft. Die Werte, die ich hier deklariere, muss ich auch umsetzen. Ich weiß, damit mache ich mich unpopulär und angreifbar. Aber hätte ich ihr nicht gekündigt, wäre ich einer von vielen, die Wein trinken und Wasser predigen. Ich kann mit dieser Entscheidung gut leben und morgens vorbehaltlos in den Spiegel schauen!«

Vorgesetzte, die respektiert und geschätzt werden, geben immer den Ton an. Sie achten selbst auf die Büro-Etikette, sie kommen nicht zu spät, binden nicht jede eigene Unsicherheit ihren Mitarbeitenden auf die Nase. Und sie sind sich nicht zu fein, auch mal eigene Fehleinschätzungen anzusprechen.

Fazit

Es muss nicht immer aufwärts gehen, damit die persönliche Situation am Arbeitsplatz besser wird. Seitwärts, aber auch abwärts führt es dich manchmal zu einem passenderen Weg. Berufliche Rückschritte – auch Downshifting genannt – können, zumal wenn selbst gewählt, Erleichterung und neue Aspekte in die eigene Arbeitswelt bringen.

Narrenfreiheit und merkwürdige Businessspiele – So unterschiedlich sind Chef-Typen

Im Mittelalter gab es Narren. Sie bespaßten andere und besonders die Könige. Es waren auch vermeintlich Dumme, Tollpatschige darunter, die sich sogar mit Halbwissen versehen als Gelehrte aufplusterten.

Aber schauen wir doch lieber wieder auf die modernen Businessspiele und die in ihnen auftretenden Chef-Typen:

Da gibt es den kaspernden Chef, der gerne und viel mit seinen Mitarbeitenden lacht. Er wirkt oftmals ein wenig chaotisch, denn er mag keine strengen Richtlinien. Immer einen Witz auf den Lippen, verkennt er gerne mal den Ernst der Lage. Kündigt dann ein Mitarbeiter, schlägt sein Humor in Beleidigtsein um.

Ganz ähnlich tickt der humane Chef. Er zeigt großes Verständnis für seine Mitarbeiter und führt kooperativ. Fast jede Entscheidung wird mit den Mitarbeitenden besprochen. Konflikten jedoch geht er erfolgreich aus dem Weg. In einer Firma begegnete mir für einen solchen Vorgesetzten die Bezeichnung Kumpelchef. Regelmäßig stolperte er einfach so ins Büro, grinste sein breitestes Grinsen, hielt beide Daumen nach oben und flüsterte: »Alles klar?«

Der kaspernde wie der humane Chef signalisieren: »Wir sind doch alle Freunde und sitzen im gleichen Boot.«

Dann gibt es noch den hektischen Chef. Er demonstriert stets Land unter. Termindruck und Anspannung sieht man ihm schmerzlich an. Natürlich hat er viel zu wenig Zeit für Führungsgespräche. Er schluckt Magentabletten und isst sein Sandwich am Computer. Sein Arbeitsleben ist ein Opfer fürs Unternehmen und ähnelt damit dem Vierten im Bunde: dem ehrgeizigen Chef.

Dieser ist jedoch konzentriert auf die Ziele des Unternehmens. Weil er gut organisiert ist, hätte er zwar Zeit für seine Mitarbeitenden, nimmt sich diese jedoch nicht. Er hat einen ausgeprägten Rotstiftblick und neigt zu übertriebener Perfektion, nicht selten auch zum Mikromanagement. Er kann sich an einzelnen Arbeitsschritten eines Mitarbeiters festbeißen wie ein Terrier. Man erkennt ihn am Lehrerfinger, den er immer dann zeigt, wenn es darum geht, wie er es besser gemacht hätte. Eine seiner Lieblingsfragen ist: »Bis wann habe ich dies in der Qualität, die ich brauche, auf dem Schreibtisch?« Stresssituationen werden ausschließlich durch den Einsatz seiner Macht reguliert.

Der hektische wie auch der ehrgeizige Chef lieben das Ich-bin-viel-wichtiger-als-ihr-Businessspiel. Schließlich müssen sie ihren Kopf hinhalten. Und Zeit ist Geld!

In dieser Reihe müssen natürlich auch die strengen Führungskräfte genannt werden. Sie führen autoritär und klar und haben das Zepter ganz offensichtlich in der Hand. Sie geizen mit Informationen, treffen Entscheidungen und erwarten Respekt für ihr Tun. Ihre Körpersprache ist mächtig: zackige Schritte, kurze Sätze. Dazu eine klare innere Haltung: Mitarbeiter müssen mich nicht lieben, sie sollen für mich arbeiten!

Die strengen Führungskräfte unterscheiden sich deutlich von den sachlichen Führungskräften. Diese lieben Arbeitsprozesse, Richtlinien, Anweisungen, Regelungen und jegliche Vorschriften. Bürokratie und Formalismus sind ihre Sicherheit. Damit fühlen sie sich wohl. Jedwede Frage wird mit einem Kommentar wie »Im Spesenreglement, Artikel vier, Absatz drei, steht ganz genau beschrieben, wie wir hier vorgehen müssen. Bitte halten Sie sich daran!« beantwortet. Strenge wie sachliche Führungskräfte spielen zeitweise sehr unterschiedlich. Während der strenge Chef seine Rolle liebt und zelebriert, versteckt der sachliche sich gerne hinter Gesetzbüchern und Reglements.

Mein persönlicher Favorit ist der souveräne kooperative Leader. Er hat eine natürliche Autorität und delegiert gerne. Damit fördert und fordert er die Eigeninitiative der Mitarbeitenden, Kreativität darf sich entfalten. Mitarbeitende schätzen ihn als ein zuverlässiges Vorbild, das mit analytischer Kompetenz schnell das Machbare erfasst und dazu noch überzeugend auftritt.

Und wie ist dein Chef so?

Dein Chef hat von jeder dieser typischen Führungsprofile Anteile? Gut so, denn Chefs sind nie nur so oder so. Aber sie verhalten sich in einzelnen Situationen nach ihrer besten Möglichkeit. Diese zu erkennen, zu durchschauen, ist bereits ein wesentlicher Schritt, um mit den Rahmenbedingungen klarzukommen. Um es deutlich zu sagen: Du hast zwei Stellschrauben, an denen du drehen kannst – du kannst deine Ansprüche und Haltung anpassen und du kannst den Rahmen aktiv mitgestalten. Was du nicht ändern kannst, ist dein Chef!

Fazit

Der Führungsstil eines Vorgesetzten hat erheblichen Einfluss auf den Erfolg der Organisation. Ein guter Führungsstil motiviert Mitarbeitende und fördert die Produktivität in Unternehmen und Firmen.

Netz und doppelter Boden – Seilschaften in der Lamettafraktion

Bernd Geropp prägte den Ausspruch: »Jeder Chef hat die Mitarbeiter, die er verdient!« Und ich möchte ergänzen: »Und das in den meisten Unternehmen spätestens nach drei Jahren.« Dann nämlich haben neue Führungskräfte die Bereinigungsphase erfolgreich abgeschlossen.

Ein häufiger Vorgang bei Neuankömmlingen auf der Führungsebene ist darüber hinaus folgender: Neue Führungskräfte ziehen oft Vertraute aus der letzten Firma nach. Mitarbeitende, die schon damals Verbündete waren, geben dem neuen Job einen familiären, sicheren Anstrich. Gerade wenn die Führungsposition mehr als Troubleshooting (das heißt als Problemlöser) missbraucht wird, sind verlässliche Seilschaften Gold wert.

Schon mal beobachtet? Es passiert schleichend und oftmals bemerken Mitarbeitende gar nichts davon. Den Personalern wird erzählt, der Bewerber sei zwar persönlich bekannt, aber er solle trotzdem den Bewerberprozess normal und ohne Bevorzugung durchlaufen. Als Anfängerin in der Personalarbeit bin ich darauf oft reingefallen.

Es ist absolut in Ordnung, Mitarbeitende einzustellen, die man bestens kennt. Nur warum machen diese Menschen daraus so eine Show? Laden sogar noch andere Bewerber ein? Personaler und Kollegen werden auf diese Art an der Nase herumgeführt, Hoffnungen bei ahnungslosen Bewerbern geweckt – wo der Favorit längst feststeht, weil der beste Kumpel (hier die Führungskraft) es entscheiden konnte.

Ein Businessspiel, das so oder ähnlich in vielen Firmen gespielt wird. Nach und nach wird so eine ganze Abteilung mit Menschen aus den eigenen Netzwerken bestückt und heimlich, still und leise eine Zweiklassengesellschaft implementiert.

Problematik Seilschaften

Folgendes Beispiel zeigt die Problematik solcher Seilschaften auf: Frau Stark, die Abteilungsleiterin einer Produktionsfirma mit zweihundertzwanzig Mitarbeitenden, suchte einen Bereichsleiter. Wir im HR erhielten zwanzig

Bewerbungen, davon kamen vier für ein Vorstellungsgespräch infrage. Die Unterlagen wurden sorgfältig aufbereitet. Jede Frage wurde im Vorfeld vom HR festgehalten und mit der Vorgesetzten diskutiert. Frau Stark neigte zu Perfektionismus. Beiläufig erwähnte sie, dass eine der Bewerberinnen eine Bekannte sei. Es sei ihr so gar nicht recht, dass diese sich beworben habe. Aber korrekterweise müsse sie sie wohl doch einladen, denn auf dem Papier sei sie überzeugend.

Wer hätte es gedacht: Zum Schluss waren nur noch diese flüchtige Bekannte (Frau Schwach) und eine weitere Bewerberin in der engeren Wahl.

Das zweite Gespräch mit den zwei Bewerberinnen führte der Geschäftsleiter des Unternehmens. Anschließend setzten wir uns alle zusammen und besprachen unsere Eindrücke. Wie ich war der CEO der Meinung, dass die Bekannte der Abteilungsleiterin die bessere Wahl wäre. Zwischen ihr und der zweiten Bewerberin lagen Welten. Pikant, denn diese Vorauswahl hatte die Abteilungsleiterin geschickt getroffen und so eingefädelt.

Frau Stark gab sich erst unschlüssig. Nach einem Moment des Zögerns willigte sie kleinlaut ein. Erst viel später habe ich gemerkt, dass das ihr taktisches Spiel gewesen war. Frau Schwach startete sehr motiviert und wurde von ihrer Vorgesetzten sehr gefördert. Der neue Besen, den man schon lange privat kannte, fegte besonders gut. Sie übernahm ein sehr schwieriges Frauenteam und erhielt als erste Aufgabe, einer Frau zu kündigen. Sie lehnte das kategorisch ab.

Das Mitarbeiterteam hatte mittlerweile spitzbekommen, dass seine neue Vorgesetzte eine Busenfreundin der Abteilungsleiterin war, und trug mit seinen Mitteln zur Eskalation bei: Es heizte die Gerüchteküche in der Firma ordentlich an.

Die ehemals besten Freundinnen Frau Stark und Frau Schwach wurden schließlich zu Gegnerinnen. Das Problem: Die vertragliche Situation machte eine ordentliche Kündigung der mittlerweile doch umstrittenen Frau Schwach unmöglich.

Als Personalerin wurde ich zu dieser Zeit in jeder Sitzung von der Abteilungsleiterin unter Druck gesetzt und gedrängt, Möglichkeiten einer Kündigung zu finden. Bis das Ganze ein Ende nehmen konnte, brauchte es vier Jahre und ein Burn-out von Frau Schwach. Sie kündigte erschöpft und strich die Segel.

Merke also: Der Karriere dienlich sind Seilschaften nur, wenn die Verbandelten nicht aus demselben Umfeld stammen.

Fazit

Wo man hinschaut: Vitamin B funktioniert immer noch. Ob bei der Einstellung, Beförderung oder Lohnerhöhung und ganz besonders in der Lamettaliga. Alle Branchen und Organisationsstrukturen kennen Filz und Klüngel.

Mein alter BWL-Dozent sagte einmal: »Je ländlicher und kleiner die Firma ist, desto größer ist die Bedeutung des Vitamins B.« Das ergänze ich gerne mit: »Das Ganze funktioniert auch in Städten und Großkonzernen und geht einher mit einem guten Netzwerk!«

Beobachte doch mal bewusst die Teppichetage deines Unternehmens – mit einem besonderen Augenmerk auf die extern zugewanderten Führungskräfte. Und? Hat der ein oder andere bei Personalabgängen sein altes Netzwerk wiederbelebt?

In der Schweiz werden viele Kontakte während der obligatorischen Militärzeit geknüpft. Diese Bande sind enorm stabil – sie halten ein Leben lang und lassen sich kaum zerreißen. In anderen Ländern gelten der Rotary Club oder Golfklubs als elitäre Vereinigungen der Netzwerker.

Das ist legitim – jeder von uns hat irgendwelche Verbandelungen. Wie sie jedoch in den Führungsetagen der Unternehmen genutzt werden und welche Gesetze sie außer Kraft setzen können, ist den meisten nicht bekannt.

Was aber auch viel wichtiger für dich ist: Baue dein Netzwerk aus. Durch zielgerichtete Netzwerkpflege entstehen nicht nur interessante Beziehungen, sondern es kann deinen Karriereabsichten einen ordentlichen Schub geben. Auch introvertierte Menschen kommen so zum Zug. Und du fällst vielleicht irgendwann die Treppe schneller hoch, als dir überhaupt lieb ist. Netzwerken funktioniert offline und online. Erste Schritte sind mit Xing und LinkedIn möglich. Auch Facebook und Instagram sind Optionen – je nach Typ, Funktion und Branche. Auf diese Weise ist eine weitverzweigte Vernetzung möglich: Zukunftsforscher prophezeien sogar, dass Mitarbeiter irgendwann vernetze Einzelkämpfer sein werden.

10.
Ab jetzt geht's bergab

»

Viele Mitarbeiter kündigen wegen ihres Chefs. Und damit wird klar: schlechte Chefs sind teuer. Sie demotivieren, machen krank und lösen zudem eine hohe Fluktuation aus.

«

Das Problem der und mit den Alten

»Ich habe die Lehre in dieser Firma absolviert. Dann war ich zehn Jahre Assistent des Finanzchefs. Das waren harte Jahre, da habe ich buckeln müssen. Aber als er pensioniert wurde, habe ich seine Stelle bekommen. Ich habe mich durchgesetzt! Eigentlich war da noch so ein Schnösel, der in St. Gallen einen Controller-Abschluss gemacht hat. Aber der Seniorchef hat sich für mich starkgemacht. Das habe ich ihm hoch angerechnet. Ich habe immer alles gegeben in dieser Firma. Unzählige Überstunden ... Jetzt bin ich Mitglied der Geschäftsleitung. Ich weiß, wie der Hase läuft – mir kann keiner mehr was vormachen. Alles schon erlebt! Und jetzt mache ich mich nicht noch mehr kaputt. Meine Rückenschmerzen nimmt mir eh keiner mehr und das Herz ... Nein! Ich will noch mindestens ein bis zwei Kreuzfahrten mit meiner Frau machen. Die Jungen sollen jetzt mal zeigen, was sie draufhaben.«

Möglichst unaufdringlich beobachtete ich in der Wartehalle des Grazer Flughafens diesen Mann, der völlig unbeeindruckt von den vielen Menschen um sich herum sein Telefonat führte. Der feingliedrige, ältere Herr in den besten Jahren wirkte selbstsicher und meine HR-Seele war versucht, ihn in die Schublade »Seniorchef« zu stecken. Irgendetwas ließ mich zögern.

Wie es der Zufall wollte, saßen wir kurz darauf im Flugzeug nebeneinander. Wir kamen ins Gespräch. Charmant hatte er nach meinem Grund für die Reise gefragt, zeigte sich interessiert und fragte ein wenig nach. Schließlich erzählte er stolz, wie er sich eine Position erarbeitet hatte, nach der sich, wie er meinte, »heute die Jungen alle zehn Finger ablecken würden«. Selbstbewusst betonte er, dass er ordentlich etwas erreicht hatte. Jetzt sei es für ihn darum an der Zeit, mal ein bisschen weniger zu machen und langsam Richtung Pensionierung zu schauen.

Dabei hätte er es belassen können. Doch stattdessen warf er mir einen prüfenden Blick zu und zog mich weiter ins Vertrauen: Fakt sei, die Zeiten hätten sich geändert. Er sei zum Beispiel völlig irritiert von dem Gebaren des neuen CEO in der Firma. Gleich in der ersten Sitzung habe der ihn vor allen Kollegen bloßgestellt. Nun sei ein Wirtschaftsprüfer für einige Monate im Haus und habe zuerst einmal seine Abteilung überprüft.

Je länger wir sprachen, desto deutlicher wurde, wie viele Risse und Beschädigungen seine anfangs als so wunderbar geschilderte Arbeitswelt doch hatte: Der Wirtschaftsprüfer stellte fest, dass die Abteilung meines Gesprächspartners zu viele Stellenprozente hatte und die Ablauforganisation zu umständlich gestaltet war. Die Entlassung eines Mitarbeitenden war unumgänglich. Umstrukturierung und neue Prozesse machten seine Funktion als Leiter Finanzen überflüssig. Er wurde zum Mitarbeiter Finanzen degradiert und fiel in der Eingruppierung tief – es gab erhebliche Lohneinbußen, die sich auch auf seine zukünftige Rentenzahlung niederschlagen würden. Die Führung seiner Mitarbeiter übernahm die Leiterin Administration.

»Aber wissen Sie, was noch viel schlimmer ist?« Ich sah ihn nur fragend an. »Das ist die Scham. Da hat man sein Leben lang nur für die Arbeit gelebt und alles andere vernachlässigt und dann machen die aus dir einfach so wieder einen Nullachtfünfzehn-Mitarbeiter ohne Führungsverantwortung. Und die ehemaligen Kollegen aus der Führungsriege kennen dich ab sofort nicht mehr.«

Früher war nicht alles besser – nur anders

Wie oft habe ich solche und ähnliche Geschichten gehört, diese Prozesse manchmal sogar aus direkter Nähe beobachtet. Auslöser können eine Umstrukturierung sein oder neue Geschäftsleiter. Manchmal ist es der Wechsel zu einer völlig neuen Produktpalette oder der Einsatz neuer technischer Hilfsmittel. Und von heute auf morgen ist der schönste Arbeitsplatz dahin.

Damit müssen wir leben, wenn wir im Angestelltenverhältnis sind. Das ist eine normale Entwicklung in der Arbeitswelt und nur entfernt auch abhängig von der gleichermaßen gepriesenen wie verfluchten Digitalisierung.

Nein, früher war nicht alles besser. Es war lediglich anders. Und was heute top ist, kann morgen schon ein Flop sein. Vielleicht liegt da der Unterschied zur guten alten Zeit: Es geht heute einfach schneller als früher. Und trotzdem ist alles immer noch absehbar.

Bergab – es trifft auch die Jungen

Jahrelang hat man sich Privilegien erarbeitet. Keine Rücksicht genommen auf sich, die Gesundheit oder die Familie. Und plötzlich, von heute auf morgen, ist alles anders und nichts, was mal gewesen war, ist gutgeschrieben.

In diesem Moment passiert die innere Kündigung. Der Körper geht weiterhin zur Arbeit, zeigt sich im Büro präsent – aber eigentlich ist der Mitarbeiter nicht mehr da. Kennst du die Warnsignale dafür?

Du fühlst dich schon länger unmotiviert und wenig leistungswillig?

Du hast dich bereits seit geraumer Zeit damit abgefunden, dass dein Arbeitseinsatz früher oder später hier beendet sein wird?

Du weißt, dass es in dieser Firma keine beruflichen Perspektiven gibt? Aber noch bist du in deiner vermeintlichen Komfortzone und nicht bereit, dich zu bewegen?

Du ziehst diese fast nicht mehr auszuhaltende Situation sogar einer neuen, etwaig besseren vor?

Ja? Dann wird es höchste Zeit, dass du etwas änderst.

In einer der Firmen, in denen ich tätig war, begegnete ich Stefan. Er war einundzwanzig Jahre jung und hatte als Bester seines Jahrgangs die kaufmännische Ausbildung gemacht. Hoch motiviert startete er ins Berufsleben.

Sein direkter Vorgesetzter war sehr nett. Leider zeigte er nie Rückgrat. Hinter vorgehaltener Hand nannten ihn Kollegen und Mitarbeitende »das Fähnchen im Wind«. So fühlte sich Stefan wegen seiner Probleme mit der Abteilungsleiterin recht alleingelassen. Sie trug bei den Mitarbeitenden den zweifelhaften Titel »eiserne Lady«. Stefan gegenüber zeigte sie sich sehr ambivalent. Einerseits überschlug sie sich beinahe vor Höflichkeit, andererseits peinigte und demütigte sie ihn bei jeder sich bietenden Gelegenheit.

Stefan bat mich um Rat. Und ich stellte ihm mehr als einmal die Frage: »Was hält dich hier?«

Jedes Mal zuckte er lapidar mit den Schultern: »Die Aufgaben gefallen mir und außerdem ist es doch in jeder Firma auch mal Mist – ich bin halt eine treue Seele!«

Irgendwann bekam Stefan eine Magenschleimhautentzündung und nahm drastisch ab. Seine innere Kündigung war ihm bereits deutlich ins Gesicht geschrieben. Doch statt das Problem anzugehen, schluckte er Tabletten und durchlief viele Therapien, um klarzukommen. Er wollte seine Leistungsfähigkeit behalten, hatte aber schon lange aufgehört, sich zu engagieren.

Es war ein lautloser Prozess und eindeutiger Ausdruck (s)einer Frustration. Und es war ein Teufelskreis: Stefan machte nur noch Dienst nach Vorschrift und protestierte damit auf seine Art gegen die ihm fast unerträgliche Situation.

Entgegen der landläufigen Meinung entsteht so eine innere Kündigung nicht ausschließlich in wirtschaftlich schwierigen Zeiten. Stefan wurde von seiner Angst zu scheitern zurückgehalten. Er wollte seinen Job unbedingt behalten und deswegen einen offenen Konflikt mit der Abteilungsleiterin um alles in der Welt vermeiden.

Stefan ist damit nicht allein. Tatsächlich wählen viele Mitarbeiter lieber die Angst als das Risiko. Denn Angst kennen sie und glauben, damit umgehen zu können.

Stefan ist heute noch in dieser Firma. Alles geht genauso weiter und er leidet still vor sich hin. Er habe sich daran gewöhnt, sagt er.

Bergab – auch für die Mittelalten

Andrea, neununddreißig Jahre, ist IT-Supporterin im Backoffice. Irgendwann kam der neue Vorgesetzte, der die Abteilung radikal umkrempelte. Er behauptete von sich, den transformationalen Führungsstil – also Führung, die insbesondere die wertschätzende Vorbildhaltung proklamiert – zu pflegen, wie es ihm in seiner Ausbildung in der Erfolgsschmiede der Universität St. Gallen nahegebracht worden sei.

Der Arbeitsalltag zeigte jedoch ein anderes Bild. Sein Führungsstil folgte einem Ampelmodell: Grün für alle Mitarbeiter, die machten, was und wie er es wollte. Gelb waren Mitarbeiter, die er in regelmäßigen Abständen zu sich rief und »in den Senkel stellte«. Und Rot waren die Chancenlosen, unter ihnen auch Andrea. Sie wurden ständig und bevorzugt vor versammelter Mannschaft von ihm gemobbt.

Andrea kam zu mir ins HRM-Coaching mit dem Ziel, diese Situation möglichst schadlos zu überstehen. Auf meine Frage: »Was hält dich?«, antwortete sie: »Das Gesamtpaket. Die Aufgabe, das Team, die interessanten Projekte, die sehr gute Entlohnung und die Sicherheit, die diese Arbeit mir und meinem Leben gibt.«

Ihre Strategie dafür, weiterhin ihrem Arbeitsalltag zu begegnen, folgte dem Grundsatz: Ignoranz ist Dominanz. Möglichst alles ausblenden und ansonsten stoisch weiterarbeiten wie bisher. Auf meine Frage, ob sie eine innerliche Kündigung bereits vollzogen habe, schüttelte sie heftig den Kopf.

Einige Monate später konnte sie die innerliche Distanz zu ihrer Arbeit allerdings nicht mehr verbergen. Andrea diskutierte nicht mehr mit, brachte keine Ideen mehr ein und nahm es widerspruchslos hin, wenn der Chef ihr in den Kompetenzbereich pfuschte. Sie kommunizierte nur noch, wo es dringend erforderlich war, und hatte keinerlei Interesse mehr an den Geschehnissen der Firma. Zunehmend trat sie ihre eigenen Werte und Moralvorstellungen mit Füßen und begründete es mit der Einstellung: »Ich lass mich nicht von diesem Würstchen kleinkriegen.«

Und dann kam der Tinnitus mit seinem schrecklichen Rauschen im Ohr – unvorhersehbar, störend, extrem belastend. Doch erst, als die Situation mit ihrem Vorgesetzten vollends eskalierte, änderte sich etwas in ihrem Denken: An dem Tag, als er ihr die Diät-Broschüre mit einem Smiley versehen auf den Schreibtisch knallte und sich anmaßend vor dem Lift platzierte; als er meinte, sie solle doch besser die Treppe nehmen – da wachte sie auf und wurde endlich aktiv. Andrea erstellte einen Account in einem Jobportal, lud ihre Bewerbung hoch und hatte innerhalb von vier Monaten zwei gute Jobangebote.

Es ist noch gar nicht lange her, da traf ich sie durch Zufall beim Einkaufen. Sie war wie ausgewechselt. Nicht, dass da alles Sonnenschein sei, sagte sie. Aber man respektiere sie – als Mensch und Mitarbeiterin.

Was tun gegen innere Kündigung?

Immer wieder habe ich Mitarbeitende in einem Coaching begleitet, die längst innerlich gekündigt hatten. Ihre Erkennungszeichen: Sie halten sich strikt an die Rahmenbedingungen wie beispielsweise Personalreglement oder Arbeitszeiten – mehr aber auch nicht.

In mittelständischen Unternehmen sieht und spürt man diese Veränderungen besonders, denn innerlich ausgestiegene Mitarbeiter zeigen wenig Eigeninitiative und Motivation. Die Absenzenrate erhöht sich drastisch, die Qualität der Arbeit lässt nach. Daraus resultiert eine niedrigere Produktivität, die dem Unternehmen nicht zuletzt auch wirtschaftlich schadet. Kluge Personalverantwortliche erkennen diese Entwicklung rechtzeitig und versuchen frühzeitig einzugreifen und gegenzulenken.

Die drei besten Erkenntnisse der Teilnehmer aus meinem Kurs »Innere Kündigung ade« sind diese:

- Wehre den Anfängen! Warte nicht einfach ab, sondern gehe Missstände proaktiv an.
- Reflektiere regelmäßig, ob der Job noch passt.
- Eine Klärung der Konfliktsituation ist nicht möglich? Gehe auf den Arbeitsmarkt und prüfe, was für dich möglich ist. Nimm Kontakt zu Stellenvermittlern auf und werde aktiv in den sozialen Netzwerken.

Mein persönliches Fazit

Innere Kündigungen lassen sich abwenden, wenn der Mitarbeiter die Initiative ergreift. Leider scheitern hier viele. Denn den Mut zu haben und es anzusprechen, kostet oftmals mehr Kraft, als in der Opferrolle zu bleiben.

Ebenso gilt: Innere Kündigungen finden kaum in Unternehmen statt, die aufmerksam und dialogbereit sind. Bedeutet das, dass moderne Firmen, die Mitarbeitern der Generation X, Y und Z alle Annehmlichkeiten der Welt bieten, die Alternative sind?

Ich sehe mit einer gewissen Skepsis, wie moderne, hippe Unternehmen junge Mitarbeitende binden. Nur mit Laptop, Handy und Homeoffice wird hier niemand hinter dem Ofen hervorgelockt. Obendrauf gibt es deswegen die Abenteuerrutsche, die durch die ganze Abteilung geht; den Tischfußball, die Massageliegen und ein Rooftop-Strandcafé mit echtem Sand. Dazu grandioses Mittagessen, jederzeit exotische Früchte, kostenlose Getränke, Kuchen, Bücher und Firmenwagen, die beliebig ausgeliehen werden können.

Nicht ganz so offensichtlich: Wer mittags nicht mit den anderen isst oder nicht das firmeneigene Ferienressort besucht, wird schon mal komisch angeschaut. Denn die Grenzen zwischen privat und Beruf verwischen – sind wir nicht alle eine große Familie? Nein, ist meine persönliche

Meinung! Eine Firma ist nicht der ausschließliche Platz und kein Ersatz für Familie und Freunde. Wer sich hiervon blenden lässt, bleibt irgendwann auf der Strecke.

Glaubt man den neuesten Zahlen der sozialen Netzwerke, haben diese hippen Unternehmen eine hohe Fluktuation von im Durchschnitt zwei Jahren. Die Vermutung liegt nahe, dass viele Mitarbeitende immer wieder weiterwandern oder am Ende sogar auf eher traditionell organisierte Firmen setzen, die ein gewisses Maß an Einzelgängertum akzeptieren.

Nichts lieber als raus aus diesem Verein

Du willst am liebsten kündigen? Du hältst es nicht mehr aus? Dann tu es! Kündige – besser heute als morgen. Was? So einfach ist das aber nicht? Ja, da hast du sogar recht. Aber wenn es deine feste Absicht ist, dann wirst du jetzt aktiv und hörst auf, nur darüber zu reden. Es gibt schon viel zu viele, die deswegen bleiben – weil es schwer ist und das Ausharren der leichtere Weg zu sein scheint.

Unter Personalern sind sie bekannt und berüchtigt: Ebendiese Mitarbeiter, die ständig davon reden, dass nicht mehr viel fehlt und sie den Krempel hinwerfen werden. Sie vertrauen sich ihrem Personalsachbearbeiter an und hoffen insgeheim, dass es weitergetragen wird. Dass die Information beim Chef landet. Dass dieser dann einlenkt. Dass sich dann endlich das schöne Mitarbeiterleben einstellt.

Die Realität sieht anders aus: Diese Mitarbeiter werden nicht kündigen. Sie werden weiter aushalten – und durch alle Hierarchiestufen hindurch hinter vorgehaltener Hand mit Geschichten von tollen Jobangeboten den Firmentratsch ankurbeln. Sie werden angeblich von Headhuntern zum Essen eingeladen, man bietet ihnen unglaubliche Honorare an oder einfach den Traumjob schlechthin. Aber: Sie werden nicht den Mut haben, zu gehen. Sie bleiben, genauso wie die Mitarbeiter, die enormen Stress und einen zu hohen Arbeitsanfall beklagen, jedoch immer die Zeit finden, darüber zu reden.

Mitarbeiter, die wirklich kündigen wollen, vertrauen sich nicht dem HR an. Sie pokern nicht mit der Info und sie erpressen ihren Chef damit nicht. Entweder schweigen sie so lange beharrlich, bis sie eines Tages völlig überraschend für alle anderen die Kündigung auf den Tisch legen, oder sie haben dreimal – und ihrer Meinung nach unmissverständlich – ihrem Vorgesetzten gesagt, dass dies oder jenes geändert werden müsse.

Gehen oder bleiben? Triff deine Entscheidung

Ich weiß gut, wie lange man zögern kann. Ich habe einmal elf Jahre darüber nachgedacht, bis ich endlich die Notbremse zog. Eindeutig eine meiner besten Entscheidungen, und manchmal frage ich mich, warum ich eigentlich so lange damit gewartet habe.

Offensichtlich denken wir meist, es sei einfacher, sich Tag für Tag vom Chef drangsalieren zu lassen oder wie ein Schulbub gedemütigt zu werden. »Über zwanzig Jahre habe ich das ertragen, da werde ich es auch noch in den nächsten fünf Jahren können«, sagte ein Hochbauleiter zu mir und meinte damit vor allem seinen Vorgesetzten. Klar gesagt hat er das aber nicht!

»Wer es nicht einfach und klar sagen kann, der soll schweigen und weiterarbeiten, bis er es klar sagen kann«, bemerkte seinerzeit Philosoph Karl Popper.

Niemand sagt, dass es einfach ist – aber vielleicht ist es dringend notwendig!

Jeder ist seines Glückes Schmied. Wer jedoch von vorneherein denkt, dass das Neue noch schlechter sein wird, als es das Alte ist, der nimmt sich jede Chance auf einen beglückenden Neuanfang. Gedanken sind ein mächtiges Werkzeug!

Mit der Kündigung wird vieles anders

Die Abgabe des Kündigungsschreibens setzt oftmals einen überraschenden Gedanken- und Entwicklungsprozess in Gang. Im Besonderen trifft das zu, wenn ohne Aussicht auf eine Neustelle gekündigt wurde.

Aus der Erfahrung als Personalerin in unterschiedlichen Branchen und Unternehmen schätze ich, dass jeder fünfte Mitarbeiter, der selbst kündigt, zu diesem Zeitpunkt noch keine neue Stelle hat. Meist sind es die Mitarbeiter, die einfach wissen, dass sie früher oder später auf dem Arbeitsmarkt fündig werden. Andere wollen bewusst erst einmal eine Auszeit machen oder ganz für die Familie da sein. Häufig sind es die Mitarbeiter der Generation Y.

Vorgesetzte fallen dann aus allen Wolken, versuchen eine Verlängerung mit den Mitarbeitenden auszuhandeln, während sie im elitären Kaderkreis bereits erzählen, dass sie es schon lange geahnt hätten. Es sei vollkommen okay, proklamieren sie und betonen: »Ich war ja auch mal jung!«

Doch statt Verständnis für den kündigenden Mitarbeiter gibt es ab sofort Liebesentzug vom Chef und von den Kollegen. Die Abtrünnigen werden heimlich aus E-Mail-Verteilern gelöscht, wichtige Informationen werden ihnen vorenthalten. Ihre Einschätzung ist nicht mehr gefragt, auch wenn sie bis eben noch hochgelobte Spezialisten waren. Stummer Vorwurf und Klage liegen in den Blicken der anderen.

Ich kenne einen Fall, da wurde dem betreffenden Mitarbeiter sofort die Leitungsfunktion entzogen, man wies ihm einen anderen Arbeitsplatz zu und den Firmenwagen hatte er auch umgehend abzugeben.

Im Gegenzug engagiert der Mitarbeiter sich nicht mehr wie gewohnt und in dem Maße, wie er es sich eigentlich selbst vorgenommen hatte. Er macht jetzt doch lieber frühzeitig Feierabend und lässt mal fünfe gerade sein. Die Überstunden wollen ja auch noch abgebaut werden.

Und genau das ist der Moment, da passiert es: Er verabschiedet sich innerlich. Auch die Kollegen erlebt er nun anders. Haben sie anfangs noch gratuliert und seinem Mut Respekt gezollt, so zeigen sie mit der Zeit deutlich: Man verlässt die Familie nicht freiwillig! Der Ausschluss und das Sich-Ausschließen beginnen.

Das ist gut – für beide Seiten. Denn es ist ganz normal in einem Trennungsprozess.

Kündigungsprozess und Prinzip Spiegelkabinett

Es gilt das Prinzip Spiegelkabinett: sowohl bei Kündigungen wie in allen anderen Bereichen einer Abteilung, Firma oder eines Unternehmens.

Grundsätzlich und richtig eingesetzt könnte der Austritt eines Mitarbeiters zum besten Personalmarketinginstrument aller Zeiten werden. Es nutzen aber leider nur sehr wenige.

Ich konnte oft Mitarbeiter, die gekündigt hatten, Jahre später wieder für die Firma gewinnen – weil ich immer ganz stark darauf geschaut habe, dass sie einen ehrenhaften Austritt hatten. Ich bemühte mich um ein gutes Austrittsgespräch, eine wohlwollende Verabschiedung im Rahmen einer kleinen Feier, und ich habe es mir nie nehmen lassen, mit ihnen über die sozialen Netzwerke in Kontakt zu bleiben. Und sobald ich wusste, dass der neue erste Arbeitstag anstand, habe ich ihnen entweder eine Mail oder eine kleine Überraschung geschickt und nur das Beste gewünscht. Das kam von Herzen und ohne Hintergedanken. Es hat aber auch beeindruckt und einige kamen dann irgendwann wieder gerne zurück in die »alte« Firma.

Sehr oft ist jedoch der Wechsel in ein anderes Unternehmen das Beste, was man für sich machen kann. Auch wenn viele meinen, es wäre eine reine Flucht und das eigentliche Problem würde man immer mitnehmen.

Von Fall zu Fall mag das zutreffen: Ich kenne Mitarbeiter, die tatsächlich in jeder Firma den Ekel-Chef oder die mobbende Kollegin hatten. Wenn ich davon in meinen Coachings höre, frage ich immer: »Was haben alle Chefs gemeinsam?« Und oftmals bekomme ich zur Antwort, sie hätten kaum unterschiedlicher sein können. Es gäbe keinen augenfälligen gemeinsamen Nenner. Ich jedoch kenne die Gemeinsamkeit. »Schauen Sie hier«, bitte ich dann und reiche einen Handspiegel ...

So oft sind wir nämlich selbst der gemeinsame Nenner – maßgeblich beteiligt an Situationen und Ergebnissen. Weglaufen hilft also nicht immer! Wir müssen uns mit den Spielregeln und internen Gesetzen auseinandersetzen.

Der psychologische Vertrag

Jedes Unternehmen hat eigene Spielregeln und Gesetze. Sie sind nirgends deklariert. Man spricht hier auch von einem psychologischen Vertrag. Alles spielt sich ausschließlich auf der mentalen Ebene ab.

Der Arbeitgeber denkt zum Beispiel: »Ich gewinne einen guten Mitarbeiter, der immer motiviert, bestens ausgebildet, niemals krank und topleistungswillig ist. Er steht loyal zu meinem Unternehmen und ist bereit, auch mal eine Extrameile zu gehen.«

Der Arbeitnehmer denkt vielleicht: »Ich arbeite jetzt bei einem Arbeitgeber, der sich um Mitarbeiter gut kümmert, der gesunde und sicherere Arbeitsplätze bietet. Er wird stets fair sein und zahlt guten Lohn. Hier wird meine besondere Leistungsbereitschaft gesehen und honoriert. Hier bietet man mir einen Karriereweg.«

Der psychologische Vertrag ist also ein gedachter Vertrag und kann sich als solcher ständig ändern. Beim Stellenantritt hat jede Seite recht genaue eigene Vorstellungen darüber, was der andere geben sollte, im Kopf.

Das Arbeitsleben ist jedoch ständig im Umbruch. Was in den Köpfen der beiden Parteien an Vorstellungen bei Vertragsunterzeichnung vorhanden ist, kann sich schon einige Monate später als ganz anders und nicht mit der Realität kompatibel herauskristallisieren.

Denn plötzlich hat der Arbeitgeber zum Beispiel einen Auftrag verloren und erwartet, dass der Mitarbeiter seine aufgelaufenen Überstunden und Urlaubstage bereitwillig, freiwillig und ohne große Aufforderung abbaut, um die Zeit bis zu einem neuen Auftrag möglichst kostensparend zu überbrücken.

Auf der anderen Seite ist die Mutter eines Arbeitnehmers verunfallt, bei einem anderen will die Ehefrau sich scheiden lassen. Beide Male wird ganz selbstverständlich erwartet, dass der Arbeitgeber nicht nur größtes Verständnis für die Situation zeigt, sondern auch bereitwillig Sonderregelungen zugesteht, damit der Mitarbeiter diese belastende Situation regeln kann.

Und auf einmal sind sie da: Probleme, von denen keiner gedacht hätte, dass es sie überhaupt gibt, weil das, was dem einen selbstverständlich ist, dem anderen als eine wahrhafte Zumutung erscheint.

Ende gut – alles gut?

Firmen kündigen Mitarbeitenden nicht nur, weil sie ein bestimmtes Alter erreicht haben. Das ist ein Gerücht. Kündigungen treffen die bremsenden und resignierenden Mitarbeiter und die, die ganz offensichtlich jeden verbleibenden Tag bis zur Rente zählen.

Eine Personalleiterin erzählte mir, dass ein ihr bekannter Bereichsleiter bereits zwölf Monate vor dem Termin in den vorzeitigen Ruhestand geschickt worden war, weil sein destruktives Verhalten nicht länger geduldet werden konnte:

Er hatte nach und nach sein Büro zu einem Gefängnis umfunktioniert. Hin und wieder zog er zur Belustigung der Kollegen einen Sträflingsanzug an. Auf seinem Türschild stand nicht mehr der Name, sondern Alcatraz. An den Wänden klebten Strichlisten, am Bürofenster aufgeklebte Gitterstäbe.

Er fand es lustig. Seine Mitarbeitenden ebenfalls. Der Abteilungsleiter schwieg – er wollte seinem besten Freund die letzten Monate nicht vermiesen. Dann entdeckte der CEO Alcatraz. Der Insasse wurde von allen Tätigkeiten und Aufgaben freigestellt. Damit hatte der Mitarbeiter sein Ziel erreicht – er war frei, bei vollem Lohnausgleich.

Andere Kündigungen hinterlassen bei den Betroffenen tiefe Wunden über Jahre. Denn sie werden weder sorgsam geplant noch mit Respekt ausgesprochen. Nicht selten scheint es, als ob auf Einzelschicksale eben keine Rücksicht genommen werden kann. Es geht einzig darum, diese unbeliebte Aufgabe schnell hinter sich zu bringen, denn eine Führungskraft wird kaum Lob für die Art und Weise erhalten, in der sie einem Mitarbeitenden gekündigt hat.

Eine Kündigung ist immer heikel und makelbehaftet. Die Aufgabe bedarf vor allem einer überlegten Vorgehensweise, die natürlich arbeitsrechtlich einwandfrei ist. Personaler begleiten solche Gespräche – sprechen aber keine Kündigungen aus.

Im Grunde habe ich schon alles erlebt – von Anmaßung bis Wertschätzung, von ehrlichem Bedauern bis zu zur Schau getragener, unverhohlener Freude über den Weggang. Und oft lässt es sich nur so zusammenfassen: Sie wissen nicht, was sie tun (sollen). Darum:

Liebe Vorgesetzte,
eure Führungsaufgabe ist es, ein solches Kündigungsgespräch korrekt und gut zu leiten. Leider gelingt das nur wenigen.

Vorbildlich sind die Chefs, die sich mit dem HR detailliert absprechen, sich in die Personalakte einlesen, das Zwischenzeugnis vorbereiten. Mein Ratschlag: Plant das Gespräch nach allen Regeln der Kunst.

Wählt einen ungestörten Raum, sprecht die Kündigung zügig aus und gebt dem Mitarbeitenden Zeit, zu reagieren. Schafft Möglichkeiten für ein Folgegespräch und trefft verbindliche Absprachen, wie Kunden und Kollegen informiert werden können, vielleicht auch sollen. Danke!

Das Kündigungsgespräch

Ratzfatz-Chefs und herumeiernde Chefs gibt es noch viel zu viele. Ersterer ist grundsätzlich genervt, weil er dieses Gespräch führen muss. Am liebsten würde er es an seinen Stellvertreter oder das HR abschieben. Das gesamte Kündigungsgespräch dauert bei ihm nur circa fünf bis zehn Minuten. Er zeigt keine Emotionen und sitzt regungslos mit Pokerface im Sessel. Er wirft die Fakten auf den Tisch, schaut ständig auf die Uhr oder das Handy und ist gedanklich bereits beim nächsten Termin. Er (be)lebt das Klischee: böser Cop (Chef) – guter Cop (HR).

Der herumeiernde Chef ist dagegen sehr gut vorbereitet und eröffnet das Gespräch sanft. Er fragt nach dem Befinden der Familie und dem Stand des letzten Projekts. Er bietet Getränke an und robbt sich langsam ans Thema heran. Nach etwa zwanzig Minuten spricht er umständlich die Kündigung aus. Der Mitarbeiter versteht nichts – der Personaler fungiert als Übersetzer.

Letzte Station Arbeitsgericht

Jahrelang arbeitete ich ehrenamtlich als Laienrichterin beim Arbeitsgericht. Ich habe viele Dramen im Gerichtssaal live erlebt. Und immer – ich behaupte: ausnahmslos! – hätte man diese Gerichtsverhandlungen bereits im Vorfeld vermeiden können – wenn die Arbeitgeber ihren Mitarbeitenden echte Wertschätzung, Respekt und Anstand beim Austritt entgegengebracht hätten. Eine abgedroschene Phrase, aber sie passt!

Ich erinnere mich besonders an einen Fall: Auslöser des Ganzen war eine fehlerhafte letzte Gehaltsauszahlung an eine Mitarbeiterin, die jetzt als Klägerin auftrat. Der Lohnabteilung war offensichtlich ein Rechenfehler passiert – in der Summe 132,50 Schweizer Franken. Statt das Gespräch darüber zu suchen, landete der Fall auf direktem Wege beim Arbeitsrichter.

Grund dafür: Die Mitarbeiterin witterte böse Absicht. Der Fehler war zwar seitens des Arbeitgebers eingeräumt worden, im Gegenzug wurden aber falsch abgerechnete Spesen der Klägerin ins Spiel gebracht. Zuletzt ging es noch um 50 Schweizer Franken.

Beide Parteien stritten sich bis aufs Blut und bis der Richter genug hatte. Er schickte die Arbeitgeberseite für zehn Minuten aus dem Zimmer und ließ die Mitarbeiterin reden. Unter Tränen stammelte sie, dass sie bitter enttäuscht sei. Vierzig Jahre hatte sie für die Firma gearbeitet und erhielt zur Pensionierung noch nicht einmal ein Dankeschön oder ein Austrittsgeschenk. Mit der falschen Zahlung lief das Fass über. Eine Klärung auf anderem als dem Klageweg kam für sie nicht mehr infrage.

Fazit

Wertschätzung, Anstand und Anerkennung kosten nichts, aber sie tun uns allen gut. Machen wir uns noch einmal bewusst: Fehler können passieren – auf beiden Seiten.

Mit wertschätzender Kommunikation, echtem Interesse und einer guten Unternehmenskultur lassen sich viele Missverständnisse beseitigen. Wenn beide Parteien derart miteinander umgehen und aufeinander zugehen können, ist das niemals eine Verliererstraße.

11.
Fata Morgana Fachkräftemangel

»

*Der Glaube an den Zuckerbrot-und-Peitsche-Führungsstil hält sich unbeirrt.
Und die gleichen Chefs beklagen in jeder Montagssitzung die mangelnde Dankbarkeit der Mitarbeitenden und den elenden Fachkräftemangel.
Dabei wird vergessen:
Worauf ich täglich herumtrample, kann nicht wachsen.*

«

Fachkräfte sind die Mitarbeiter und Bewerber, die eine Berufsausbildung erfolgreich abgeschlossen haben – auch beispielsweise ein abgeschlossenes Hochschulstudium vorweisen. Besonders gefragt sind nach wie vor die Arbeitnehmer, die aus dem medizinischen Bereich kommen oder den sogenannten MINT-Berufen angehören. Also zum Beispiel IT-Spezialisten, Techniker, Naturwissenschaftler, aber auch Mathematiker. Auch ein Chef ist eine Fachkraft – oder sollte es zumindest sein. Leider finden sich jedoch nicht selten an den wichtigen Schaltstellen Führungskräfte, die ihrer Aufgabe nicht wirklich gewachsen sind – oder sie nach eigenem Gusto interpretieren und ausfüllen. Die ihre Mitarbeiter nicht nach ihren Kompetenzen beurteilen, sondern danach, inwieweit sie ihnen das Leben leichter machen: Damit sie unbehelligt und unangezweifelt in der Führungsposition mit all deren Glanz und Macht bleiben können.

»Wir finden einfach keine guten Fachkräfte!«, schrieb mir eine Personalerin in meiner geschlossenen Facebookgruppe. Sofort schalteten sich andere mit ihren Meinungen und Ansichten dazu ein. Es wurde gejammert, geklagt und abgenickt – bis eine Trainerin sich zu Wort meldete, die es offensichtlich satthatte und meinte: »Es gibt keinen Fachkräftemangel. Wenn es im Unternehmen keine Fachkräfte gibt, ist dieser Mangel hausgemacht, liebe Leute!« Schlagartig war erst einmal Ruhe im Forum.

Fachkräftemangel – die Entschuldigung für alles

Im Gegensatz zu der Trainerin im Forum bin ich der Meinung: Es gibt ihn, den Fachkräftemangel. Er ist keine Fata Morgana, aber auch kein für die ganze Arbeitswelt geltender Fakt.

In den Medien werden immer wieder drei Hauptursachen für den Fachkräftemangel angeführt: abnehmende Geburtenrate, zunehmende Überalterung oder Digitalisierung.

Verschiedene Studien besagen, dass bereits zwei Millionen Arbeitskräfte mit Hochschulabschluss in Deutschland fehlen. Hochqualifizierte Arbeitnehmer sind nicht grenzenlos verfügbar, Angebot und Nachfrage nicht in Balance. Der aktuelle Arbeitsmarkt zeigt es drastisch, wenn auch nicht zum ersten Mal.

Das Wort »Fachkräftemangel« bietet in dieser Situation vielen eine Entschuldigung für alles: für alles, was man nicht macht. Als Beispiel möchte ich die Firma IT Blitz vorstellen: Dort hat man sich auf eine universell einsetzbare Software spezialisiert und sucht immer wieder händeringend nach IT-Spezialisten. Die Firma findet einfach keine passenden Mitarbeiter, obwohl sie auf den Internetportalen und im Intranet ihre Stellenangebote regelmäßig ausschreibt. Sie bezahlt branchenüblichen Lohn und hat fixe Arbeitszeiten, innerhalb derer Mitarbeiter sich gut bewegen können. Das Unternehmen leistet sich keine eigenen Auszubildenden, Mitarbeiter werden fertig ausgebildet auf dem Markt rekrutiert.

Das Personalmanagement ist die Aufgabe des Firmengründers und seine Assistentin kümmert sich um alles, was mit Lohn in Zusammenhang steht. Innovationsbereitschaft ist ein Fremdwort. Der Geschäftsleiter arbeitet noch selbst beim Kunden aktiv mit. Er ist ein Tausendsassa. Und kann prinzipiell alles: IT, HR, Marketing – nur Finanzen, das hat er an seinen Bruder abgegeben.

In dieser Firma sind die Folgen des Fachkräftemangels und der damit verbundenen ständigen Unterbesetzung drastisch. Die Mitarbeiter sind permanent gezwungen, Überstunden zu leisten, worunter das Betriebsklima mittlerweile massiv leidet. Krankheitsabsenzen nehmen drastisch zu, die Fehlerquote ist hoch mit steigender Tendenz – auf der anderen Seite fallen die Gewinne.

Firma IT Blitz kämpft. Und in jeder Verwaltungsratssitzung ist der Schuldige für die Misere schnell gefunden: Fachkräftemangel!

Anders sieht es aus beim Mitbewerber und Konkurrenten, der Firma IT Donner. Sie hat ein vergleichbares Produkt, einen ähnlichen Kundenstamm und, ganz wichtig, eine gleichartige Mitarbeiterstruktur.

Trotzdem ist der Fachkräftemangel bei dieser Firma nicht frappant spürbar. Manchmal muss sie eine neue Stelle noch nicht einmal ausschreiben, um geeignete Bewerber zu finden. Für ein gelingendes Personalmarketing und zur Kundenbindung wurde ein eigener Podcast eingerichtet. Die HR-Verantwortliche im Unternehmen setzt sehr auf den sogenannten verdeckten Bewerbermarkt. Beziehungsmanagement steht im Vordergrund, meint beispielsweise: Mitarbeiter empfehlen Mitarbeiter. Die Firma ist zudem sehr präsent auf Messen, der Geschäftsführer aktiv in verschiedenen Netzwerken und außerdem Prüfer in der Informatiker-Ausbildung.

Der Fachkräftenachwuchs wird selbst ausgebildet und bei der Mitarbeitergewinnung auf dem offenen Arbeitsmarkt gehen die Chefs oft ungewöhnliche Wege; dazu gehört zum Beispiel, dass Vorgesetzte sich und die angebotene Stelle in Videosequenzen vorstellen.

Die IT-Firma Donner bietet ihren Mitarbeitenden unter anderem Homeoffice und interessante, bedarfsgerechte Arbeitszeitmodelle. Vor Kurzem wurde in dieser männerdominierten Firma der bezahlte Vaterschaftsurlaub eingeführt. Schließlich seien ein Großteil der Belegschaft junge Väter, begründete das Unternehmen seine Innovation.

Bereits seit zwei Jahren gibt es außerdem ein funktionierendes Gesundheitsmanagement: Sport über Mittag und Vergünstigungen in nahegelegenen Fitnessstudios waren die ersten Maßnahmen – Anregungen der Belegschaft, dieses Angebot noch mehr an die Bedürfnisse anzupassen, werden wohlwollend geprüft.

Auch auf Personalentwicklung legt man großen Wert – zu fördern und zu fordern ist über alle Hierarchieebenen hinweg selbstverständlich, Führungskräfte erhalten besondere Schulungen im Bereich Motivation und modernes Führen. Bemerkenswert ist, dass die Mitarbeitenden als Mitwirkende bezeichnet werden und dies auch so empfinden.

Widerspruchsnebel über der Fachkräftemangel-Debatte

Das Beispiel der Firmen Blitz und Donner zeigt, dass Firmen zwei Möglichkeiten haben, dem Fachkräftemangel zu begegnen: Sie können wie das Kaninchen vor der Schlange hocken und auf Wunder warten oder sie werden aktiv!

Als Begleiterin bei vielen KMU in Personalthemen höre ich gegen dieses Aktivwerden immer wieder das Argument: »Das kostet uns Geld, das wir nicht haben.« Der Mitarbeitermangel hat Kunden gekostet, Aufträge brechen weg und die Firma rutscht in die roten Zahlen. Und ausgerechnet da soll man noch in solche Wellness-Angebote investieren?

Ich halte diese Argumentation für sehr kurzsichtig. Mitarbeiter sind die wichtigste Ressource eines Unternehmens. Sie machen den Unterschied, ob der Kunde zur Firma Blitz oder zur Firma Donner geht. Diese wichtigste Ressource zu pflegen und hegen, sie zu halten und fördern, zahlt sich langfristig aus. Unternehmen, die hier hartnäckig ihre Arme verschränken und bei dem bleiben, was eventuell früher funktioniert hat, werden mit der Zeit untergehen.

Auf der gegenüberliegenden Seite dieser Problematik stehen gut ausgebildete, hoch qualifizierte Bewerber. Deren Klage: »Von Fachkräftemangel spüre ich so gar nichts. Ich habe mich schon unzählige Male beworben. Ich komme einfach nicht rein.«

Welch ein Widerspruchsnebel, der sich da über die ganze Fachkräftemangel-Debatte legt!

Fachkraft mit erfolgloser Bewerbung?

Wenn also deine Bewerbung keinen Erfolg bringt, dann könnte einerseits eine falsche Grundannahme vorliegen: Bist du tatsächlich eine Fachkraft und gehört die Branche zu einer der vom Fachkräftemangel betroffenen Branchen?

Dein Lebenslauf könnte andererseits zu wenig Aussagekraft haben: Ist dein Engagement erkennbar? Sind qualifizierende Weiterbildungen ersichtlich, gibt es einen roten Faden?

Vielleicht sind aber auch deine Bewerbungsunterlagen unpassend aufbereitet: Ist sofort erkennbar, dass man dich einfach kennenlernen muss? Solche Entscheidungen werden oft innerhalb einer Minute gefällt. Da zählt jedes Wort, das falsch gesetzt ist!

Ist deine Bewerbung frisch, modern und durchdacht? Fällt sie unter all den Bewerbungen sofort und positiv auf?

Alle halten dich für zu jung? Formuliere deine bisherigen beruflichen Erfahrungen auf einem Zusatzblatt. Der Personalentscheider muss auf einen Blick sehen: Ja, du bist jung, aber hoch motiviert, und du hast bereits mehr Erfahrungen, als es in deinem Alter üblich ist.

Bist du eine junge Frau? Weiblich und jung, da wird schnell mal der Schluss gezogen, dass du bald eine Familie gründen wirst. Du brauchst auf jeden Fall hervorragende Argumente, um zu punkten.

Du bist knapp über fünfzig? Willst aber noch einmal einen Stellenwechsel wagen? Es ist eine Herausforderung, aber nicht unmöglich. Wichtig ist, dass der Personalentscheider auf einen Blick erkennen wird, dass du nicht nur das Anforderungsprofil erfüllst, sondern darüber hinaus einen großen Vorteil mitbringst, der jüngere Mitbewerber in den Schatten stellt.

Du bist immer zu qualifiziert? Bewerber, die überqualifiziert erscheinen, erhalten genau so schnell eine Absage wie Bewerber, die nicht passen. Personaler haben die Erfahrung gemacht, dass überqualifizierte Bewerber schnell gelangweilt sind oder, wenn etwas Passenderes kommt, wieder kündigen. Außerdem haben viele Vorgesetzte nicht die Größe, Mitarbeiter zu akzeptieren, die deutlich höher qualifiziert sind. Das riecht immer nach Problemen. Niemand stellt eine Person ein, die dann am eigenen Stuhlbein sägt.

Die Erfahrung zeigt meist, dass die zu qualifizierten Bewerber eine Übergangsbeschäftigung suchten und nicht wirklich die Absicht hatten, lange zu bleiben. Solltest du dich also auf Stellen bewerben, wo genau dies ein Problem sein könnte, versuche im Motivationsschreiben deine wahre Motivation und deine wahren Gründe zu zeigen. Du möchtest bewusst einen Schritt zurückgehen? Bitte formuliere den Mehrwert, den dieses Unternehmen davon haben könnte.

Und bitte schreibe nicht im Bewerbungsschreiben so etwas wie: »Obwohl ich für diese Stelle überqualifiziert erscheine, bewerbe ich mich um die Stelle!« Sprich das Thema nicht an, sondern zeige auf, dass du die passende Ergänzung bist.

Bist du dann eingeladen zum Gespräch? Dann sei gewappnet, dass du diese Fragezeichen glaubhaft entkräftigen kannst.

Bewerbungen mit Erfolg – ein paar Praxisbeispiele

Ein Vorgesetzter stellte eine junge Frau ohne Führungserfahrung als Teamleaderin ein, weil sie bereits im Bewerbungsschreiben und später im Bewerbungsgespräch überzeugend darstellen konnte, dass sie alle gewünschten und geforderten Eigenschaften für die ausgeschriebene Stelle mitbrachte. Sie zeigte zudem motiviert auf, dass sie sich bereits als Pfadfinderin gewisse Führungseigenschaften hatte aneignen können.

Mein Nachbar bewarb sich im Alter von achtundfünfzig Jahren um eine Stelle als Hausmeister. Seine Motivation und seine positive Ausstrahlung überzeugten die Interviewer. Er arbeitete bis zur Verrentung im Unternehmen und wies während seines letzten Jahres seinen internen Nachfolger in alles ein. Bis heute wird er immer wieder für Ferienvertretungen angefragt, die er liebend gerne übernimmt.

In meiner HR-Interimsstelle in der Personalabteilung einer Gemeindeverwaltung in der Schweiz suchten wird monatelang händeringend eine(n) neue(n) Sozialarbeiter(in). Schließlich entschieden wir uns für die schwangere Anna, die uns engagiert und glaubhaft versicherte, dass sie nach einer kurzen Auszeit von einem halben Jahr wieder einen Teilzeiteinstieg geplant habe. Unser Vertrauen wurde nicht enttäuscht. Ein halbes Jahr nach der Geburt ihres Kindes kehrte sie in die Firma zurück.

Die Stelle als Vorarbeiter im Werkhof einer Baufirma wurde durch den erfahrenen Herrn Meister besetzt, der anfänglich mit seinen Lohnvorstellungen achthundert Schweizer Franken über dem Lohnbudget lag. Ausschlaggebend waren für ihn letztlich das vorherrschende Arbeitsmodell, mehr Ferientage als gesetzlich vorgegeben und das Angebot zur Kostenübernahme seiner nächsten Ausbildung: Er entschied sich für die Arbeitsstelle und gegen achthundert Schweizer Franken.

Zugegeben: Solche Bewerber und solche Ergebnisse entsprechen nicht unbedingt der Norm. Aber sie haben überzeugt – mit motiviertem, echtem, positivem und engagiertem Auftreten und rundum authentischen, passenden und ansprechenden Bewerbungsunterlagen.

Letzten Endes lässt sich sagen: Die eben genannten Entscheidungen fielen zugunsten derer, die keine Nullachtfünfzehn-Bewerbung schickten und sich in den Gesprächen echt und hoch motiviert gaben. Die von sich aus einen Dialog suchten. Und die nicht so schnell aufgaben, wenn es darauf ankam. Erfolg versprechende Eigenschaften, wie auch die folgende Geschichte von Philipp belegt.

Philipp und Adrian geben nicht auf

Ich brauchte einen neuen Drucker und ging in den nächstbesten IT-Markt. Obwohl es in diesem Markt eher unüblich war, geriet ich an einen jungen Mann, der mir geduldig alle meinen »blöden« Fragen beantwortete. Eine geschlagene halbe Stunde für einen Drucker von dreihundert Schweizer Franken.

Ich war davon begeistert, wie er auf mich einging. Zum Schluss sagte ich zögerlich zu ihm: »Sind Sie hier eigentlich als Arbeitnehmer am richtigen Platz? Eine solche Beratung habe ich noch nie erhalten! Danke, das war ganz toll!«

Er zuckte die Schultern und meinte leise: »Eigentlich würde ich gerne wechseln, aber keiner nimmt mich.« Ich holte meine Visitenkarte – Aufdruck: Personalleiterin der Firma X – aus der Tasche und überreichte sie ihm mit den Worten: »Bewerben Sie sich doch spontan bei uns und beziehen Sie sich auf mich!« Er blickte auf die Karte und grinste breit. »Frau Roth, ich habe mich in den letzten drei Jahren zweimal bei Ihnen beworben. Jedes Mal habe ich von Ihnen eine Absage erhalten, weil ich die Anforderungen nicht erfüllte!«

Ich arbeite heute nicht mehr bei dieser Firma, aber Philipp ist dort mittlerweile Bereichsleiter, hat zwei Weiterbildungen zum IT-Spezialisten gemacht und seinen Berufsabschluss nachgeholt.

Auf ganz ähnliche Weise gab auch Adrian einfach nicht auf. Adrian war gelernter Koch und hatte diesen schönen Beruf satt. Für uns war er ein sogenannter B/C-Kandidat. Wir suchten einen Mitarbeiter im Backoffice, der insbesondere die Verkaufsofferten bearbeiten sollte. Adrian erfüllte fast kein Musskriterium, und trotzdem: Wir luden ihn zu einem Bewerbungsgespräch ein, weil im Unternehmen die Devise herrschte, immer einen Quereinsteiger mit ins Interview zu nehmen.

Adrian überzeugte den Vorgesetzten und mich mit seiner positiven, motivierten und strahlenden Erscheinung, wenngleich das Gespräch deutlich machte, dass selbst die wenigen Musskriterien, die er erfüllte, nur ansatzweise vorhanden waren. Er hatte schlichtweg keine Ahnung von dem Ganzen – nur eine im Abendstudium erfolgreich abgeschlossene Bürolehre. Nach langem Überlegen gingen wir das Risiko ein. Unsere Zweifel sprachen wir offen an.

Adrian hatte tatsächlich große Mühe, Fuß zu fassen, aber sein Ehrgeiz und sein Fleiß waren erheblich. Er schlug sich großartig und war ein treuer, fröhlicher Mitarbeiter. Zwei Jahre nach seiner Anstellung wurde das Unternehmen von der Konkurrenz übernommen. Adrian war einer von denen, denen als Erstes gekündigt wurde. Nach wenigen Monaten der Arbeitslosigkeit rutschte er dank des ausführlichen Arbeitszeugnisses, der Referenzen und seiner unerschütterlichen Motivation in die Strukturen eines Großkonzerns. Mittlerweile ist er Verkaufssachbearbeiter.

Fazit

Höre nicht auf die Unkenrufe anderer oder bewerte nicht einzelne Erlebnisse als Standard. Die vielen negativen Geschichten, die immer wieder erzählt werden, bringen dich nicht weiter, sind nicht selten zudem vom Erzähler reichlich mit persönlicher und wenig objektiver Wertung ausgeschmückt.

Glaube stattdessen an dich und deine Kompetenzen. An deine Qualifikation und dein Können. Jeder Moment kann der richtige sein, um dich und deine Persönlichkeit ins rechte Licht zu rücken.

Niemand stellt aus Mitleid ein – aber viele aus der Überzeugung heraus, dass gerade deine Motivation und dein Wille Berge versetzen können. Zeige genau das!

Epilog

»

Im Arbeitsleben wird oft links geblinkt und rechts abgebogen!

«

Ob du nun gerade erst ins Berufsleben startest oder dich bereits auf deine Pensionierung vorbereitest …

Ob du nach der Geburt deines Kindes auf dem Arbeitsmarkt wieder Fuß fassen willst oder in Gehaltsverhandlungen immer zu hoch pokerst …

Ob Rekrutierungs-, Einführungs-, Wachstums-, Reife- oder Abschwungphase …

… mit dem Wissen aus diesem Buch weißt du jetzt bereits viel mehr darüber, wie du den Businessspielen des Arbeitslebens begegnen kannst, damit es für dich passt.

Problem Work-Life-Balance

Work-Life-Balance ist der Idealzustand zwischen Privatleben und Arbeitsalltag. In einer dynamisch veränderten Arbeits- und Lebenswelt sollen sich diese beiden Bereiche harmonisch und ausgeglichen miteinander verzahnen.

Eine Mammutaufgabe! Mit ihr wird nicht selten der Ausgleichszwang, der wirklich emotionale Erschöpfung bis hin zum Ausbrennen bringt, vollends ausgelöst. Denn die Anforderungen sind groß:

Erfolgreich im Vollzeitberufsleben sein, nebenberuflich ein Studium absolvieren; sportlich und jugendlich frisch sein und bleiben. Außerdem gesunde und bewusste Ernährung, frische Lebensmittel frisch gekocht. Natürlich eine liebevolle Paarbeziehung, gute Kontakte zur Familie, Freundschaften pflegen und sich auch Zeit nehmen für Entspannung, Kunst und Kultur. Alles ausbalanciert.

Kann das funktionieren? Niemand in meinem beruflichen Umfeld, der Vollzeit arbeitet, bekommt das hin. Wenn du jemanden kennst, bitte schreibe mir. Ich würde diese Person gerne für meinen Podcast interviewen.

Mein ehemaliger Professor für Mentaltraining brachte das Thema auf den Punkt, als er sagte: »Stell dir vor, dein Leben sei ein Ei und nun sollst du das Eigelb vom Eiweiß trennen – eine Verbindung, die mehr als eine Laune der Natur ist. Das bringt nicht nur Stress, sondern ist auch ganz und gar nicht das Gelbe vom Ei!«

Es lebt sich stattdessen so viel einfacher, wenn das Leben ganzheitlich betrachtet wird. Lebenszeit setzt sich aus dem Arbeits- und Privatleben zusammen. Dann muss gar nicht erst ein Gegengewicht zum Arbeitsleben gefunden werden. Uns wird nur leider viel zu häufig suggeriert, das Leben sei wie Dr. Jekyll nur gut und erstrebenswert, während die Arbeit der böse und dunkle Mr. Hyde sei. Man kann fast den Eindruck bekommen, das wahre, gute Leben findet ausschließlich jenseits der Arbeit statt. Vielleicht wird auch deswegen ab Freitagmittag in den sozialen Netzwerken das kommende Wochenende mit Sätzen wie »Thank God it's Friday« regelmäßig, lautstark und anscheinend überglücklich bejubelt.

Warum ist nicht das Gegenteil der Fall? Warum nicht Leben und Arbeit als Dream-Team harmonieren lassen? Du hast es in den Händen.

Arbeitszeit und gutes Leben

Die durchschnittliche Arbeitszeit in der Schweiz beträgt circa acht Stunden am Tag. Zieht man diese von der Zeit ab, die wir regelmäßig wach sind – etwa sechzehn Stunden pro Tag – und ziehen wir auch noch Fahrzeiten zur Arbeitsstelle und nach Hause ab, dann verbleiben circa fünf Stunden gutes Leben.

Andererseits verbringst du an fünf Arbeitstagen mit je acht Stunden pro Woche und in sechsundvierzig Arbeitswochen pro Jahr in achtundvierzig Arbeitsjahren mehr als 88.000 Arbeitsstunden an deinem Arbeitsplatz.

Muss diese beachtliche Zahl wirklich als notwendiges Übel betrachtet werden?

Die Antwort lautet weder Teilzeitstelle noch Volkshochschulkurse zum Thema »Wie organisiere ich meine Work-Life-Balance?« Sie lautet: Gehe einer Arbeit nach, die dich mit Freude und Sinnhaftigkeit erfüllt. Emotionale Abstumpfung durch tägliches freudloses Ackern kann nicht mit Work-Life-Balance ausbalanciert werden. Empfindest du Freude und Sinn im Beruf, wird das private Leben nicht zur reinen Erholungszeit von der Arbeit degradiert.

Denn: Wenn deine Arbeit für dich kein Gefängnisaufenthalt ist, wie es der in diesem Buch beschriebene Kollege darzustellen meinte, musst du dich nicht für deinen Lohn oder dein Gehalt quälen, nur um ein paar schöne Momente in deinem Leben und deiner arbeitsfreien Zeit zu finanzieren. Vielmehr wird die Arbeit Teil deines Lebens!

Darum möchte ich dich bitten: Vergiss Work-Life-Balance! Was wirklich zählt, ist Work in Life.

Attraktive Arbeitgeber

Passend dazu habe ich eine interessante Studie gefunden, die besonders wegweisend für Arbeitgeber ist, die immer noch mit dem abgegriffenen Begriff »Work-Life-Balance« in ihren Stelleninseraten um Mitarbeiter werben.

Die Hochschule für Ökonomie und Management hat die attraktivsten und namhaftesten Arbeitgeber der Region München mittels einer Ratingskala der Mitarbeiter im Alter zwischen zwanzig und vierundsechzig Jahren bewertet und dann statistisch evaluiert.

Der Verfasser der Studie, Prof. Dr. Oliver Gansser, fasste die Ergebnisse sinngemäß wie folgt zusammen: Arbeitgeber sollten die Beschreibungen der besonderen Work-Life-Balance eher vermeiden. Arbeitnehmern würde sonst suggeriert, dass sie sich in ihrer Freizeit von den Aufgaben im Unternehmen erholen müssten, was sich negativ auf die Bewertung der Arbeitgeberattraktivität auswirke.

Gutes Leben beginnt nicht erst mit der Verrentung

Ich erinnere mich an einen Mitarbeiter, der die letzten zweihundert Arbeitstage vor seiner Pensionierung ein Tagebuch führte, welches er immer bei sich trug. Auf dessen Buchdeckel klebte ein Dackel-Foto. In einer Kaffeepause erklärte er mir, dass er, sobald er pensioniert sein werde, seinen Lebenstraum wahr machen werde: »Frau Roth, ich kaufe mir, sobald ich pensioniert bin, einen Dackel«, sagte er und strahlte mich an.

Tragisch: Er starb nur eine Woche nach seiner Pensionierung völlig unerwartet. Die Erfüllung seines Lebenstraums, die jetzt im guten Leben stattfinden sollte, kam nie zum Tragen.

Wie so viele Menschen, die ihre Träume ewig vor sich herschieben, zeigte sich auch hier wieder: Das Leben ist kein Wartesaal und allzu endlich.

Was spricht dagegen, deine Lebensträume jetzt zu erfüllen? Du träumst von Südafrika? Willst Land und Leute irgendwann unbedingt kennenlernen? Tue es jetzt – und vertue dein Leben nicht mit Aufschieberitis und dem Warten auf gute Zeiten. Wer weiß, ob du mit fünfundsechzig noch die Chance dazu bekommen wirst.

In meinem Kurs »Selbstmanagement ist alles« verteile ich Maßbänder aus Papier an alle Teilnehmer. Inspiriert dazu hat mich mein Bruder. Als er bei der Bundeswehr war, maß er so die Tage, die er noch absolvieren musste, bis er gehen konnte – jeder Tag ein Zentimeter, jeden Tag wurde einer abgeschnitten. Und so freute er sich auf das Ende.

Ich bitte meine Kursteilnehmer, am Anfang des Maßbandes so viele Zentimeter abzureißen, wie es ihrem Alter entspricht. Der nächste Abriss erfolgt gemäß der geschlechtsspezifischen Lebenserwartung am Ende des Maßbandes.

Übrig bleibt die Zahl der Lebensjahre, die wir mit großer Wahrscheinlichkeit mit Leben füllen können.

Inspirationen für dich – praxiserprobt und direkt aus dem Arbeitsleben

Aus China kommt dieses Sprichwort: *»Wenn du einen Tag lang glücklich sein willst: Gehe fischen. Wenn du ein Jahr lang glücklich sein willst: Habe ein Vermögen. Wenn du ein Leben lang glücklich sein willst: Liebe deine Arbeit.«*

Für mich drückt das alles aus, was es für ein glückliches Leben braucht. Deswegen habe ich es hier mit dir geteilt und möchte dazu folgende Anregungen ergänzen:

Überdenke deine persönliche Einstellung zum Leben. Ich bin mir fast sicher, du brauchst keine weiteren Zeitmanagementkurse.

Definiere deine eigenen Regeln fürs Leben. Beruf geht der Berufung nach. Zu was fühlst du dich berufen?

Übernimm Verantwortung für deine Zukunft und für dein Leben. Nicht alles geht immer gleich. Alles braucht seine Zeit. Nimm sie dir.

Eine bestimmte Arbeit macht für dich persönlich dann Sinn, wenn du dich mit Herz und Kopf für sie entscheidest. Sei erfolgreich in dem, was du tust. Erfolg folgt dem Erfolg – ganz egal, wie du Erfolg definierst.

Bescheidenheit ist out

Weder in der Bewerbungsphase noch beim Gehaltsgespräch oder bei der Kündigung wird dich Bescheidenheit weiterbringen. Wenn du eine Arbeitsstelle haben willst, in der du auch aktiv gestalten willst, musst du es wagen, sichtbar zu werden.

Das bedeutet, du musst nicht nur wissen, wer du bist, was du willst und wofür du im Leben angetreten bist – du musst auch dafür einstehen. Nicht rüpelhaft, aber selbstbewusst und klar. Denn für diesen Job, der dich zufrieden und glücklich macht, lohnt es sich, auch mal Konflikte auszuhalten und gegenüber Meinungen des Chefs oder Kollegen unempfindlicher zu werden. In der Coachingausbildung heißt das »Hornhaut auf der Seele antrainieren«.

Das ist anstrengend. Aber es ist es wert. Die Erfolge, die du dadurch erringen kannst, sind deutlich größer als die Risiken, die du dir vielleicht jetzt ausmalst.

Suche konsequent solche Gelegenheiten, in denen du dich anstrengen musst, etwas zu tun, weil es dir unbequem erscheint. Gebe dich nicht mit weniger zufrieden. Stelle nicht alles infrage und überlege nicht dauernd, was andere denken könnten. Und du wirst merken: Du bist gut genug! Wenn der Chef dich befördern will und es eine Chance ist, die dich freudig vibrieren lässt – dann lass keine Zweifel zu und trainiere die dadurch erweckte Selbstsicherheit! Nutze jede Alltagssituation dazu, sie zu entwickeln. Fange klein an: Gehe bewusst mal allein ins Restaurant. Nutze das Handy in Wartezeiten nicht. Verreise allein.

Verlasse deine Komfortzone auf diese Weise immer wieder. Regelmäßiges Komfortzonenstretching ist wesentlich und hilft dabei, beweglich zu bleiben: Denn wer sich nicht bewegt, wird bewegt – ein Sprichwort aus Kindheitstagen, das für mich heute noch Gültigkeit hat. Heute hast du die Wahl: Steuere deine Karriere selbst oder lass sie von den Vorgesetzten steuern. Fremdsteuern ist ein bequemer Weg, doch er hat seine Tücken. Und könnte einige Monate später sehr unbequem werden.

So ist die Arbeitswelt voller Businessspiele. Bleibe bei diesen Spielen nicht auf der Reservebank sitzen, wenn du die Möglichkeit hast, Punkte zu holen und der Matchwinner zu werden. Spiele stattdessen so mit, dass es dir dabei gut geht und ohne die Ellbogen auszufahren.

Und das Wichtigste: Bleib dir bei allem, was du tust, selbst treu!

Eigeninitiative und Individualität?

Mitarbeiter, die in einem Unternehmen arbeiten, in dem jede Eigeninitiative unterdrückt wird, machen oft Dienst nach Vorschrift. Dabei arbeiten sie fleißig für wenig Geld. Sie klammern sich an die Illusion eines vermeintlich sicheren Arbeitsplatzes, planen ihren Jahresurlaub sorgfältig und damit besser als ihr Leben.

Das Aufstehen-arbeiten-nach-Hause-kommen-Rechnungenzahlen-Hamsterrad wird von ihnen fleißig belaufen. Sie versinken in Mittelmäßigkeit und erklären sie mit allen erlittenen Niederlagen. Die nie heilenden Wunden: Mal ist es ein schlimmes Joberlebnis, mal eine schreckliche Funktion. Anstatt es endlich einmal ruhen zu lassen, baden sie täglich in ihren Erinnerungen. Und die Unternehmen tragen eine Mitschuld – denn sie züchten solche Seven-to-five-Mitarbeiter heran.

Besonders schlimm ist es dort, wo es vor Formalitäten und Regeln nur so wimmelt: Personalreglemente, Arbeitszeit- und Spesenbestimmungen, Ausbildungsverordnung, Homeoffice-Hinweise, Kleiderverordnung, Vorgehen bei unbezahltem Urlaub ... Hier wird jede Individualität im Keim erstickt.

Der gedachte Sinn dahinter? Einheitlichkeit und Gerechtigkeit werden angestrebt. Die Flut der Bestimmungen soll möglichst alles und jedes regeln. Aber diese Überregulierung führt eher dazu, die Kreativität zum Umgehen derselben zu fördern. Oder dazu, dass Ausnahmen, Sonderregelungen und Gefälligkeiten unter dem Siegel der Verschwiegenheit gewährt werden. Oftmals ist Einheitlichkeit nur eine Maske, die nach außen aufgesetzt ist. Dahinter grinst die Ausnahme.

Wer so lange Zeit im HR gearbeitet hat wie ich, weiß irgendwann: Eigentlich gibt es fast nur Ausnahmen. Gleichzeitig verstehe ich diesen Ansatz und den Versuch, es für alle gleich zu machen, denn die Forderungen von Mitarbeitenden an Arbeitgeber sind manchmal so unglaublich, dass sie sich einfach nicht anders zu helfen wissen. Einige kurze Beispiele:

Als ich noch als Personalleiterin in der IT arbeitete, zog man jedem Mitarbeiter pauschal einen Betrag von zehn Schweizer Franken monatlich vom Lohn ab. Ein symbolischer Beitrag für unbegrenzten Getränkebezug wie Kaffee, Tee und Kaltgetränke. Eines Tages forderte ein Mitarbeiter, der für sechs Wochen in die Ferien ging, eine Gutschrift über fünfzehn Schweizer Franken mit dem nächsten Lohn. Ähnlich dachte auch ein Mitarbeiter, der das zur Verfügung gestellte Mineralwasser mit der Begründung mit nach Hause nahm, er habe über Tag ja nicht davon getrunken.

Aber müssen alle leiden, weil einzelne den Bogen überspannen?

Ich erinnere mich an eine Firma, in der festgestellt worden war, dass ungefähr ein Viertel der Belegschaft die bezahlte Pause von fünfzehn Minuten am Morgen und am Nachmittag ständig um eine halbe Stunde überzog. Die Geschäftsleitung schrieb daraufhin eine Rundmail an alle und erinnerte höflich, aber klar an die Einhaltung der Pausenzeiten. Was passierte? Die Vorgesetzten standen im Büro des Personalleiters und protestierten heftig gegen eine Pauschalverurteilung. Man solle doch bitte die Einzeltäter benennen.

Regeln im Arbeitsleben erblühen erst, weil einzelne sie unverschämt überschreiten. Gleichzeitig werden damit Kollegen, die sich dem gesunden Menschenverstand bedienen, mitbestraft. Das Ergebnis in so mancher Firma ist: »Keiner weiß mehr warum, aber alle müssen mitmachen!«

Es ist nicht immer gerecht!

Im Rheinland gibt es ein Sprichwort. Es heißt: »Wie man et mät, man mät et falsch«. Was so viel bedeutet wie: Egal wie man es macht, so macht man es falsch.

Ein Unternehmen zu leiten ist schwer. Es gerecht zu leiten und es jedem recht zu machen ist fast unmöglich – insbesondere in schlechten Zeiten. Hinzu kommt mein Eindruck: In vielen Unternehmen besteht der Anspruch schon gar nicht mehr. Ich selbst habe es sogar schriftlich. Ein Vorgesetzter schrieb in einem Mitarbeitergespräch: »Diana muss ihren unrealistischen Gerechtigkeitssinn deutlich bremsen.«

Das Arbeitsleben ist nicht immer gerecht – mehr als einmal musste ich das schmerzhaft lernen und erkannte: »Was Hans darf, darf Hänschen noch lange nicht!«

Da gab es zum Beispiel den unscheinbaren Herrn Meier, der jahrelang sein Bestes gegeben hatte und bei seinem Austritt nach zehn Jahren ein Zeugnis von einer knappen Seite erhielt. Dazu oberflächlich und nicht sonderlich gut. Dies trotz guter Beurteilungen der letzten Jahre.

Und in der gleichen Abteilung gab es die gut aussehende Anita, die nur drei Jahre verweilte und ein Bombenzeugnis über zwei Seiten erhielt. Obwohl sie im letzten Mitarbeitergespräch abgemahnt worden war. Ein Zeugnis, das sie sogar als Entwurf für die Personalabteilung selbst schreiben durfte.

Was treibt einen Vorgesetzten, mit so unterschiedlichem Maß zu messen und derart mit der eigenen Macht zu spielen?

Übrigens: Es gibt auch einige Personaler, die den Beruf auch ergriffen haben, weil sie Macht ausleben können. Es sind die, die auf andere unverschämt, anmaßend und beleidigend wirken. Es sind solche, die erfolglosen Bewerbern nicht absagen. Es sind die, für die Augenhöhe ein Fremdwort ist. Sie sind die Wackeldackel der Führungskräfte und ihnen willenlos zu Diensten. Sie werden nur benutzt und merken es nicht einmal.

Ich bilde seit Jahren HR-Fachleute aus und dachte, mir sei schon alles untergekommen. Doch dann wurde ich von einer Studentin eines anderen belehrt. Sie erzählte, wie sie Mitarbeiter gegeneinander ausspielte, Führungskräfte auflaufen ließ und sich als Geschäftsleiterflüsterin verstand. Eine intrigante Frau, die diesen Beruf ganz offensichtlich nicht verstanden hatte. Sie schaffte die HR-Prüfung im dritten Anlauf. Danach heiratete sie den Geschäftsleiter.

Die alten und die neuen Guten

Kürzlich war ich als Trainerin für eine Woche bei einer wahrhaftigen Ausnahmefirma in Wien eingesetzt.

Der Altersdurchschnitt der Belegschaft dort liegt bei etwa fünfunddreißig Jahren. Auf Diversität – Alter, Geschlecht, Nationalitäten, Religionen et cetera – wird bei der Anstellung neuer Mitarbeitender sehr geachtet.

Was den Arbeitsalltag betrifft, gibt es dort keine Arbeitszeiterfassung. Jeder hat seine Aufgaben und unglaublich viele Möglichkeiten in seinem Aufgabengebiet.

Die Cafeteria ist groß, ausreichend Getränke und Möglichkeiten zur Verpflegung sind gegeben. Eine Terrasse hoch über den Dächern von Wien lädt zur Auszeit ein. Ein großer Fußballtisch steht zwischen Bücherecken, Massageliegen stehen im Entspannungszimmer. In den Fluren und Büros wurde viel gelacht, als ich dort war, und doch hoch konzentriert gearbeitet. In der Mittagspause war es ein Erzählen und Diskutieren in verschiedenen Sprachen.

Ich fragte nach. So wenige Regelungen, aber klare Aufgabengebiete?

Schon im Einstellungsprozess würde extrem darauf geachtet, dass Werte und Motivation des Bewerbers zu denen des Unternehmens passten, erklärte man mir. Fachkompetenz sei wichtig – aber wichtiger wäre die Persönlichkeitskompetenz.

Selbstständiges, eigenverantwortliches Arbeiten werde unbedingt erwartet und gefordert. Viele Mitarbeiter arbeiten in anderen Ländern und werden nur per Video-Chat zugeschaltet. Die jährlichen Mitarbeitergespräche werden mit einem 360-Grad-Feedback belegt. Eine Du-Kultur herrscht vor.

Klingt perfekt? Vielleicht! Das zu beurteilen gelingt nicht nach einer Woche. Sicher wird es auch hier menscheln und Konflikte geben.

Was bedeutet dieses Beispiel für dich, der du vielleicht gerade in der (Neu-)Orientierung bist? Dass sich etwas bewegt in der Arbeitswelt!

Wenn – und ich bin davon überzeugt, dass dem so ist – ein Unternehmen ein Spiegelkabinett ist und genau die Mitarbeiter hat, die es verdient, dann ist dieses oben genannte Unternehmen ein gutes Beispiel dafür.

Mitarbeitende und Personalverantwortliche können viel tun

Personalverantwortliche können viel dafür tun, dass es zukünftig mehr von solchen Beispielen gibt. Sie sind die Dienstleister im Auftrag ihres Arbeitgebers, meist der Firmenleitung. Weder sind sie rein administrative Handlanger noch die Einstellungsentscheider – und sie müssen nicht jede Führungsschwäche vertuschen. Aber sie sind auch nicht die Mutter Theresa der Belegschaft oder Selbstverwirklichungsgehilfe eines jeden einzelnen Mitarbeiters. Denn jeder Mitarbeitende – auch ein Personaler – ist verantwortlich für das, was er selbst und freiwillig denkt und tut. Handelt ein Unternehmen drastisch gegen die eigenen ethischen oder moralischen Grundsätze, steht es jedem frei, zu gehen. Auch wenn es erst einmal unbequem ist und Unsicherheit bedeutet.

In den Ländern Deutschland, Österreich, Schweiz (DACH-Länder) geht man schon lange nicht mehr nur des Broterwerbs wegen zur Arbeit. Eine sinnvolle Tätigkeit ist erstrebenswert. Wichtig ist dabei, dass Sinn subjektiv betrachtet wird. Ich kenne Mitarbeiter, die einer sehr monotonen Arbeit nachgehen und diese als sinnvoll empfinden, weil sie so ihr Idealbild von Familie finanzieren. Damit hat der eigene Job eine ganz eigene Art von Bedeutung. Wenn dazu noch die ähnlichen Werte kommen und das Gefühl, als Mitarbeiter, Kollege gesehen, geschätzt zu werden, fühlt man sich wohl.

Sei dir dieser Freiheit jeden Tag bewusst. Und der Macht, die du hast, weil du allen Businessspielen allein durch dein Denken und Verhalten eine neue Richtung geben kannst.

Viel Erfolg.

Buchempfehlungen und Impulse

Karl Benien (2003): Schwierige Gespräche führen. Modelle für Beratungs-, Kritik- und Konfliktgespräche im Berufsalltag. rororo, Hamburg.

Barbara Berckhan (2004): So bin ich unverwundbar. Sechs Strategien, souverän mit Ärger und Kritik umzugehen. Kösel, München.

Vera F. Birkenbihl (2018): Rhetorik. Redetraining für jeden Anlass. Besser reden, verhandeln, diskutieren. mvg, München.

Marcus Buckingham; Curt Coffman (2005): Erfolgreiche Führung gegen alle Regeln. Wie Sie wertvolle Mitarbeiter gewinnen, halten und fördern. Campus, Frankfurt am Main.

Renate Dehner; Ulrich Dehner (2019): Steh dir nicht im Weg. Wie Sie mentale Blockaden überwinden und sich das Leben leichter machen. Campus, Frankfurt am Main.

Klaus Doppler, Christoph Lauterburg (2019): Change Management. Den Unternehmenswandel gestalten. Campus, Frankfurt am Main.

Regina Först (2016): People först. Die sieben Business Gebote. Kösel, München.

Manfred Gellert; Claus Nowak (2010): Teamarbeit. Teamentwicklung. Teamberatung. Ein Praxisbuch für die Arbeit in und mit Teams. Limmer, Meezen.

Elisabeth Haberleitner; Elisabeth Deistler; Robert Ungvari (2009): Führen, Fördern, Coachen. Piper, München.

Merk Knödler (2012): Überleben im Job. So erreichen Sie einen Berufsalltag ohne Stress und Burnout. Redline Wirtschaft, München.

Hans-Michael Klein; Albrecht Kresse (2011): Psychologie. Vorsprung im Job. Cornelsen, Berlin.

Jean-Marcel Kobi (1996): Management des Wandels. Die weichen und harten Bausteine der Veränderung. Haupt, Bern (Schweiz).

Hans J. Kratz (2003): Erfolgreich als neuer Chef. So gelingt Ihr Start als neuer Vorgesetzter. Walhalla und Praetoria, Regensburg.

Ralph Krüger (2002): Teamlife. Über Niederlagen zum Erfolg. Werd, Thun/Gwatt (Schweiz).

Marco De Micheli (2017): Leitfaden für erfolgreiche Mitarbeitergespräche und Mitarbeiterbeurteilungen. Praxium, Zürich (Schweiz).

Peter Müri; Barbara Steiner (2006): Coaching auf den Punkt gebracht. Rüstzeug für Praktiker. Ott, Bad Hersfeld.

Jack Nasher (2017): Überzeugt! Wie Sie Kompetenz zeigen und Menschen für sich gewinnen. Campus, Frankfurt am Main.

Jack Nasher (2015): Deal! Du gibst mir, was ich will! Goldmann, München.

Susann Pásztor; Klaus-Dieter Gens (2005): Mach doch was du willst. Gewaltfreie Kommunikation am Arbeitsplatz. Junfermann, Paderborn.

Patrick Rohr (2015): So meistern Sie jedes Gespräch. Mutig und souverän argumentieren. Im Beruf und privat. Beobachter, Zürich (Schweiz).

Jurij Ryschka (2007): Veränderungen in der Firma ... und was wird aus mir? Wiley, Weinheim.

Silke Schubert; Thomas Zimmermann (2001): Gespräche mit dem Chef. GU, München.

Reinhard K. Sprenger (2015): Verzichtende Führung. Anstand durch Abstand. managerSeminare Heft 212, Bonn.

Reinhard K. Sprenger (2015): Das anständige Unternehmen. DVA, Stuttgart.

Reinhard K. Sprenger (2015): Die Entscheidung liegt bei dir! Wege aus der alltäglichen Unzufriedenheit. Campus, Frankfurt am Main.

Christian-Rainer Weisbach (2015): Professionelle Gesprächsführung. Beck-Wirtschaftsberater im dtv, München.

Arnold Weissmann (2014): Unternehmenserfolg durch Wertorientierung. Haufe, Freiburg.

Ludwig Wiesenbauer (2009): Wir schaffen das! Veränderungen erfolgreich in Gang setzen. Beltz, Weinheim.

Werner Winkler (2004): Probleme schnell und einfach lösen. 99 Lösungswerkzeuge. mvg, München.

Petra Wüst: Profil macht Karriere. Mit Self Branding zum beruflichen Erfolg. Orell Füssli, Zürich (Schweiz).

Gefühle

Patrizia Patz
Gefühle
Emotional gesund in einer rationalen Welt
1. Auflage 2019

258 Seiten; Softcover; 14,99 Euro
ISBN 978-3-86980-495-8; Art.-Nr.: 1084

Emotionen oder auch Gefühle sind ein geflügeltes Wort und aus unserem Sprachgebrauch kaum wegzudenken. Mal soll man sie zeigen, mal soll man sie verbergen – also Gefühlskontrolle betreiben. Doch nüchtern betrachtet sind wir emotionale Analphabeten. So richtig wissen wir mit Gefühlen nichts anzufangen.

Warum haben wir den Umgang mit Emotionen verlernt? Oder haben wir ihn nie gelernt?

Patz' Buch gibt Antworten auf diese Fragen. Denn damit wir wieder zur Vernunft kommen, brauchen wir eine andere Haltung zu Gefühlen. Sie können Einfallstor für und Werkzeug zur Manipulation sein. Oder ein Katalysator unseres Innersten und damit Kraftquelle. Aber ohne Bewusstsein darüber haben wir keine Wahl. Erst, wenn wir unsere Gefühle (er-)kennen, erlangen wir Klarheit und sind in der Lage, Verantwortung zu übernehmen, etwas zu verändern. Patz' Buch räumt schonungslos mit überholten Mythen über Gefühle auf und zeigt konkrete und attraktive Möglichkeiten, unser authentisches Potenzial zu leben.

Die ersten Schritte sind dabei ganz einfach: Die eigenen Gefühle wieder wahrnehmen, kritisch hinterfragen und einordnen und die darin enthaltene Kraft nutzen, um nachhaltige Veränderungen zu vollziehen.

www.BusinessVillage.de